当 代 西 方
社 会 心 理 学
名 著 译 丛

方文 __ 主编

EMOTIONAL
Contagion

情绪传染

伊莱恩·哈特菲尔德（Elaine Hatfield）

[美] 约翰·卡乔波（John T. Cacioppo）　　__ 著

理查德·拉普森（Richard L. Rapson）

吕小康 __ 译

中国人民大学出版社
·北京·

当代西方社会心理学名著译丛（第二辑）

编委会

学术顾问

陈欣银教授（宾夕法尼亚大学教育学院）
乐国安教授（南开大学社会学院）
周晓虹教授（南京大学社会学院）

编辑委员会

戴健林教授（华南师范大学政治与公共管理学院）
高明华教授（哈尔滨工程大学人文社会科学学院）
高申春教授（吉林大学心理学系）
管健教授（南开大学社会学院）
侯玉波副教授（北京大学心理与认知科学学院）
胡平教授（中国人民大学心理学系）
寇彧教授（北京师范大学心理学部）
李丹教授（上海师范大学心理学院）
李磊教授（天津商业大学心理学系）
李强教授（南开大学社会学院）
刘力教授（北京师范大学心理学部）
罗教讲教授（武汉大学社会学院）
马华维教授（天津师范大学心理学部）
潘宇编审（中国人民大学出版社）
彭泗清教授（北京大学光华管理学院）
汪新建教授（南开大学社会学院）
杨宜音研究员（中国社会科学院社会学研究所）
翟学伟教授（南京大学社会学院）
张建新研究员（中国科学院心理研究所）
张彦彦教授（吉林大学心理学系）
赵德雷副教授（哈尔滨工程大学人文社会科学学院）
赵蜜副教授（中央民族大学民族学与社会学学院）
钟年教授（武汉大学哲学学院）
朱虹教授（南京大学商学院）
佐斌教授（华中师范大学心理学院）
方文教授（译丛主编，北京大学社会学系）

开启社会心理学的"文化自觉"
"当代西方社会心理学名著译丛"（第二辑）总序

  只有一门社会心理学。它关注人之认知、情感和行为潜能的展现，如何受他人在场（presence of others）的影响。其使命是激励每个活生生的个体去超越约拿情结（Jonah Complex）的羁绊，以缔造其动态、特异而完整的丰腴生命。但他人在场，已脱离奥尔波特（Gordon W. Allport）原初的实际在场（actual presence）、想象在场（imagined presence）和隐含在场（implied presence）的微观含义，叠合虚拟在场（virtual presence）这种新模态，从共时历时和宏观微观两个维度得到重构，以涵括长青的研究实践和不断拓展的学科符号边界（方文，2008a）。社会心理学绝不是哪门学科的附属学科，它只是以从容开放的胸怀，持续融会心理学、社会学、人类学、进化生物学和认知神经科学的智慧，逐渐建构和重构自主独立的学科认同和概念框架，俨然成为人文社会科学的一门基础学问。

  在不断建构和重构的学科历史话语体系中，社会心理学有不同版本的诞生神话（myth of birth），如1897年特里普利特（Norman Triplett）有关社会促进/社会助长（social facilitation）的实验研究、1908年两本偶然以社会心理学为题的教科书，或1924年奥尔波特（Floyd H. Allport）的权威教材。这些诞生神话，蕴含可被解构的意识形态偏好和书写策略。援引学科制度视角（方文，2001），这门新生的

社会 / 行为科学的学科合法性和学科认同，在 20 世纪 30 年代中期于北美得以完成。而北美社会心理学，在第二次世界大战期间及战后年代声望日盛，成就其独断的符号霸权。当代社会心理学的学科图景和演进画卷，舒展在此脉络中。

一、1967 年：透视当代社会心理学的时间线索

黑格尔说，一切哲学都是哲学史。哲人道破学科史研究的秘密：滋养学术品位。但在社会科学 / 行为科学的谱系中，学科史研究一直地位尴尬，远不及人文学科。研究学科史的学者，或者被污名化——自身没有原创力，只能去总结梳理他人的英雄故事；或者被认为是学问大家研究之余的闲暇游戏，如对自身成长过程的记录。而在大学的课程设计中，学科史也只是附属课程，大多数被简化为具体课程中的枝节，在导论里一笔带过。

学科史研究对学术品位的滋养，从几方面展开。第一，它在无情的时间之流中确立学科演化路标：学科的英雄谱系和经典谱系。面对纷繁杂乱的研究时尚或招摇撞骗的学界名流，它是最简洁而高效的解毒剂。第二，它作为学科集体记忆档案，是学科认同建构的基本资源。当学子们领悟到自身正置身于那些非凡而勤奋的天才所献身的理智事业时，自豪和承诺油然而生。而学科脉络中后继的天才，就从中破茧而出。第三，它也是高效的学习捷径。尽管可向失败和愚昧学习，但成本过高；而向天才及其经典学习，是最佳的学习策略。第四，它还可能为抽象的天才形象注入温暖的感性内容。而这感性，正是后继者求知的信心和努力的动力。

已有四种常规线索、视角或策略，被用来观照当代社会心理学的演化：学科编年史，或者学科通史是第一种也是最为常用的策略；学派的更替是第二种策略；不同年代研究主题的变换是第三种策略；而不同年代权威教科书的内容变迁，则是第四种策略。

　　还有一些新颖的策略正在被尝试。支撑学科理智大厦的核心概念或范畴在不同时期杰出学者视域中的意义演化，即概念史或范畴史，是一种新颖独特但极富难度的视角；而学科制度视角，则以学科发展的制度建设为核心，也被构造出来（方文，2001）。这些视角或策略为洞悉学科的理智进展提供了丰厚洞识。

　　历史学者黄仁宇先生则以核心事件和核心人物的活动为主线，贡献了其大历史的观念。黄先生通过聚焦"无关紧要的一年"（A Year of No Significance）——1587 年或万历十五年（黄仁宇，2007），条分缕析，洞悉当时最强大的大明帝国若干年后崩溃的所有线索。这些线索，在这一年六位人物的活动事件中都可以找到踪迹。

　　剥离其悲哀意味，类似地，当代社会心理学的命运，也可标定一个"无关紧要的一年"：1967 年。它与两个基本事件和三个英雄人物关联在一起。

　　首先是两个基本事件。第一是 1967 年前后"社会心理学危机话语"的兴起，第二是 1967 年前后开始的欧洲社会心理学的理智复兴。危机话语的兴起及应对，终结了方法学的实验霸权，方法多元和方法宽容逐渐成为共识。而欧洲社会心理学的理智复兴终结了北美主流"非社会"的社会心理学（asocial social psychology），"社会关怀"成为标尺。这两个事件亦相互纠缠，共同形塑了其当代理论形貌和概念框架（Moscovici & Marková, 2006）。

　　还有三个英雄人物。主流社会心理学的象征符码，"社会心理学教皇"（pope of social psychology）费斯廷格（Leon Festinger, 1919—1989），在 1967 年开始对社会心理学萌生厌倦之心，正准备离开斯坦福大学和社会心理学。一年后，费斯廷格终于成行，从斯坦福大学来到纽约的新社会研究学院（New School for Social Research），主持有关运动视觉的项目。费斯廷格对社会心理学的离弃，是北美独断的符号霸权终结的先兆。

在同一年，主流社会心理学界还不熟悉的泰弗尔（Henri Tajfel, 1919—1982），一位和费斯廷格同年出生的天才，从牛津大学来到布里斯托大学。他从牛津大学的讲师被聘为布里斯托大学社会心理学讲席教授。

而在巴黎，和泰弗尔同样默默无闻的另一位天才莫斯科维奇（Serge Moscovici, 1925—2014）正在孕育少数人影响（minority influence）和社会表征（social representation）的思想和研究。

从 1967 年开始，泰弗尔团队和莫斯科维奇团队，作为欧洲社会心理学理智复兴的创新引擎，在"社会关怀"的旗帜下，开始一系列独创性的研究。社会心理学的当代历史编纂家，会铭记这一历史时刻。当代社会心理学的世界图景从那时开始慢慢重构，北美社会心理学独断的符号霸权开始慢慢解体，而我们置身于其中的学科成就，在新的水准上也得以孕育和完善。

二、统一的学科概念框架的建构：解释水平

教科书的结构，是学科概念框架的原型表征。在研究基础上获得广泛共识的学科结构、方法体系和经典案例，作为学科内核，构成教科书的主体内容。教科书，作为学科发展成熟程度的重要指标，是学科知识传承、学术社会化和学科认同建构的基本资源和主要媒介。特定学科的学子和潜在研究者，首先通过教科书获得有关学科的直观感受和基础知识。而不同年代权威教科书的内容变迁，实质上负载特定学科理智演化的基本线索。

在杂多的教科书当中，有几条标准可帮助辨析和鉴别其优劣。第一，教科书的编/作者是不是第一流的研究者。随着学科的成熟，中国学界以往盛行的"教材学者"已经淡出；而使他们获得声望的所编教材，也逐渐丧失价值。第二，教科书的编/作者是否秉承理论关怀。没有深厚的理论关怀，即使是第一流的研究者，也只会专注于自己所

感兴趣的狭隘领域，没有能力公正而完备地展现和评论学科发展的整体面貌。第三，教科书的编/作者是否有"文化自觉"的心态。如果负荷文化中心主义的傲慢，编/作者就无法均衡、公正地选择研究资料，而呈现出对自身文化共同体的"单纯暴露效应"（mere exposure effect），缺失文化多样性的感悟。

直至今日，打开绝大多数中英文社会心理学教科书的目录，只见不同研究主题杂乱无章地并置，而无法明了其逻辑连贯的理智秩序。学生和教师大多无法领悟不同主题之间的逻辑关联，也无法把所学所教内容图式化，使之成为自身特异的知识体系中可随时启动的知识组块和创造资源。这种混乱，是对社会心理学学科身份的误识，也是对学科概念框架的漠视。

如何统合纷繁杂乱但生机活泼的研究实践、理论模式和多元的方法偏好，使之归于逻辑统一而连贯的学科概念框架？有深刻理论关怀的社会心理学大家，都曾致力于这些难题。荣誉最终归于比利时出生的瑞士学者杜瓦斯（Willem Doise）。

在杜瓦斯之前，美国社会心理学者，2007年库利米德奖（Cooley-Mead Award）得主豪斯也曾试图描绘社会心理学的整体形貌（House，1977）。豪斯所勾画的社会心理学是三头怪物：社会学的社会心理学（sociological social psychology, SSP）、实验社会心理学（experimental social psychology, ESP）和语境社会心理学或社会结构和人格研究（contextual social psychology, CSP; social structure and personality）。曾经被误解为两头怪物的社会心理学，因为豪斯而更加让人厌烦和畏惧。

但如果承认行动者的能动性，即使是既定社会历史语境中的能动性，在行动中对社会过程和社会实在进行情景界定和社会建构的社会心理过程的首要性，就会凸显出来。换言之，社会心理过程在主观建构的意义上对应于社会过程。

　　杜瓦斯在《社会心理学的解释水平》这部名著中，以解释水平为核心，成功重构了社会心理学统一的学科概念框架。杜瓦斯细致而合理地概括了社会心理学解释的四种理想型或水平，而每种解释水平分别对应于不同的社会心理过程，生发相应的研究主题（Doise, 1986: 1017）。

　　水平 1——个体内水平（intra-personal or intra-individual level）。它是最为微观也最为心理学化的解释水平。个体内分析水平，主要关注个体在社会情境中组织其社会认知、社会情感和社会经验的机制，并不直接处理个体和社会环境之间的互动。

　　以个体内解释水平为核心的**个体内过程**，可涵括的基本研究主题有：具身性（embodiment）、自我、社会知觉和归因、社会认知和文化认知、社会情感、社会态度等。

　　在这一解释水平，社会心理学者已经构造出一些典范的理论模型，例如：费斯廷格的认知失调论；态度形成和改变的双过程模型，如精致化可能性模型（elaboration likelihood model, ELM）与启发式 - 系统式模型（heuristic-systematic model, HSM）；希金斯（Higgins, 1996）的知识启动和激活模型。

　　水平 2——人际和情景水平（interpersonal and situational level）。它主要关注在给定的情景中所发生的人际过程，而并不考虑在此特定的情景之外个体所占据的不同的社会位置（social positions）。

　　以人际水平为核心的**人际过程**，可涵括的基本研究主题有：亲社会行为、攻击行为、亲和与亲密关系、竞争与合作等。其典范理论模型是费斯廷格的社会比较论。

　　水平 3——社会位置水平（social positional level）或群体内水平。它关注社会行动者在社会位置中的跨情景差异（inter-situational differences），如社会互动中的参与者特定的群体资格或范畴资格（different group or categorical membership）。

以群体水平为核心的**群体过程**，可涵括的基本研究主题有：大众心理、群体形成、多数人影响和少数人影响、权威服从、群体绩效、领导部属关系等。其典范理论模型是莫斯科维奇有关少数人影响的众从模型（conversion theory）、多数人和少数人影响的双过程模型和社会表征论（Moscovici, 2000）。

水平 4——意识形态水平（ideological level）或群际水平。它是最为宏观也是最为社会学化的解释水平。它在实验或其他研究情景中，关注或考虑研究参与者所携带的信念、表征、评价和规范系统。

以群际水平为核心的**群际过程**，可涵括的基本研究主题有：群际认知，如刻板印象；群际情感，如偏见；群际行为，如歧视及其应对，还有污名。

在过去的 40 年中，群际水平的研究已有突破性的进展。主宰性的理论范式由泰弗尔的社会认同论启动，并深化到文化认同的文化动态建构论（dynamic constructivism）（Chiu & Hong, 2006; Hong et al., 2000; Wyer et al. Eds., 2009）和"偏差"地图模型（BIAS map）（Cuddy et al., 2007; Fiske et al., 2002）之中。

社会理论大家布迪厄曾经讥讽某些社会学者的社会巫术或社会炼金术，认为他们把自身的理论图式等同于社会实在本身。英雄所见！杜瓦斯尤其强调的是，社会实在在任何时空场景下都是整体呈现的，而不依从于解释水平。社会心理学的四种解释水平只是逻辑工具，绝不是社会实在的四种不同水平；而每种解释水平，都有其存在的合理性，但都只涉及对整体社会实在的某种面向的研究；对社会实在的整体把握和解释，有赖于四种不同的解释水平的联合（articulation; Doise, 1986）。

这四种不同面向和不同层次的社会心理过程，从最为微观也最为心理学化的个体内过程，到最为宏观也最为社会学化的群际过程，是对整体的社会过程不同面向和不同层次的相应表征。

以基本社会心理过程为内核，就可以勾画社会心理学逻辑连贯的概念框架，它由五部分组成：

（1）社会心理学的历史演化、世界图景和符号霸权分层。

（2）社会心理学的方法体系。

（3）不断凸显的新路径。它为生机勃勃的学科符号边界的拓展预留空间。

（4）基本社会心理过程。

（5）行动中的社会心理学：应用实践的拓展。

社会心理学的基础研究，从第二次世界大战开始，就从两个方面向应用领域拓展。第一，在学科内部，应用社会心理学作为现实问题定向的研究分支，正逐渐把基础研究的成果用来直面和应对更为宏大的社会问题，如健康、法律、政治、环境、宗教和组织行为。第二，社会心理学有关人性、心理和行为的研究，正对其他学科产生深刻影响。行为经济学家塞勒（Richard H. Thaler, 又译为泰勒）因有关心理账户和禀赋效应的研究而获得 2017 年诺贝尔经济学奖。这是社会心理学家在近 50 年中第四次获此殊荣［这里没有算上认知神经科学家奥基夫（John O'Keefe）和莫泽夫妇（Edvard I. Moser 和 May-Britt Moser）因有关大脑的空间定位系统的研究而获得的 2014 年诺贝尔医学或生理学奖］。在此之前，社会心理学家洛伦茨（Konrad Lorenz）、廷伯根（Nikolaas Tinbergen）和冯·弗里希（Karl von Frisch）因有关动物社会行为的开创性研究而于 1973 年分享诺贝尔医学或生理学奖。西蒙（Herbert A. Simon; 中文名为司马贺，以向司马迁致敬）因有关有限理性（bounded rationality）和次优决策或满意决策（sub-optimum decision-making or satisficing）的研究而获得 1978 年诺贝尔经济学奖。卡尼曼（Daniel Kahneman）则因有关行动者在不确定境况中的判断启发式及偏差的研究，而与另一位学者分享 2002 年诺贝尔经济学奖。

在诺贝尔奖项中，并没有社会心理学奖。值得强调的是，这些荣膺大奖的社会心理学家，也许只是十年一遇的杰出学者，还不是百年一遇的天才。天才社会心理学家如费斯廷格、泰弗尔、莫斯科维奇和特里弗斯（Robert Trivers）等，他们的理论，在不断地触摸人类物种智慧、情感和欲望的限度。在这个意义上，也许任何大奖包括诺贝尔奖，都无法度量他们持久的贡献。但无论如何，不断获奖的事实，都从一个侧面明证了社会心理学家群体的卓越成就，以及社会心理学的卓越研究对于其他人文社会科学研究的典范意义。

杜瓦斯的阐释，是对社会心理学统一概念框架的典范说明。纷繁杂乱的研究实践和理论模式，从此可以被纳入逻辑统一而连贯的体系之中。社会心理学直面社会现实的理论雄心由此得以释放，它不再是心理学、社会学或其他什么学科的亚学科，而是融会相关理智资源的自主学科。

三、当代社会心理学的主宰范式

已有社会心理学大家系统梳理了当代社会心理学的理智进展（如乐国安主编，2009；周晓虹，1993；Burke Ed., 2006; Kruglanski & Higgins Eds., 2007; Van Lange et al. Eds., 2012）。以杜瓦斯所勾画的社会心理学的概念框架为心智地图，也可尝试粗略概括当代社会心理学的主宰范式。这些主宰范式主要体现在方法创新和理论构造上，而不关涉具体的学科史研究、实证研究和应用研究。

（一）方法学领域：社会建构论和话语社会心理学的兴起

作为学科内外因素剧烈互动的结果，"社会心理学危机话语"在20世纪60年代末期开始登场，到20世纪80年代初尘埃落定（方文，1997）。在这段时间，社会心理学教科书、期刊和论坛中充斥着种种悲观的危机论，有的甚至非常激进——"解构社会心理学"（Parker & Shotter Eds., 1990）。"危机话语"实质上反映了社会心理学家群体自我批判意识的兴起。这种自我批判意识的核心主题，就是彻底审查社会心理学赖以发展的方法学基础即实验程序。

危机之后，社会心理学已经迈入方法多元和方法宽容的时代。实验的独断主宰地位已经消解，方法体系中的所有资源，正日益受到均衡的重视。不同理智传统和方法偏好的社会心理学者，通过理智接触，正在消解相互的刻板印象、偏见甚至是歧视，逐渐趋于友善对话甚至是合作。同时，新的研究程序和文献评论技术被构造出来，并逐渐产生重要影响。

其中，主宰性的理论视角就是社会建构论（如 Gergen, 2001），主宰性的研究路径就是话语社会心理学（波特，韦斯雷尔，2006; Potter & Wetherell, 1987; Van Dijk, 1993）和修辞学（rhetoric; Billig, 1996），新的研究技术则是元分析（meta-analysis; Rosenthal & DiMatteo, 2001）。近期，行动者中心的计算机模拟（agent-based simulation; Macy & Willer, 2002）和以大数据处理为基础的计算社会科学（computer social science）（罗玮，罗教讲, 2015; Macy & Willer, 2002）也开始渗透进社会心理学的研究中。

（二）不断凸显的新路径：进化路径、文化路径和社会认知神经科学

社会心理学一直不断地自我超越，以开放自在的心态融合其他学科的资源，持续拓展学科符号边界。换言之，社会心理学家群体不断地实践新的研究路径（approaches or orientations）。进化路径、文化路径和社会认知神经科学是其中的典范路径。

进化路径和文化路径的导入，关联于受到持续困扰的基本理论论争：关于支配人类物种的社会心理和社会行为，是否存在统一而普遍的规律和机制？人类物种的社会心理和社会行为是否因其发生的社会文化语境的差异而呈现出特异性和多样性？这个基本理论论争，又可

称为普遍论－特异论之争（universalism vs. particularism）。

依据回答这个论争的不同立场和态度的差异，作为整体的社会心理学家群体可被纳入三个不同的类别或范畴。第一个类别是以实验研究为定向的主流社会心理学家群体。他们基本的立场和态度是漠视这个问题的存在价值，或视之为假问题。他们自我期许以发现普遍规律为己任，并把这一崇高天职视为社会心理学的学科合法性和学科认同的安身立命之所。因为他们持续不懈的努力，社会心理学的学子们在其学科社会化过程中，不断地遭遇和亲近跨时空的典范研究和英雄系谱。

第二个类别是以文化比较研究为定向的社会心理学家群体。不同文化语境中社会心理和社会行为的特异性和多样性，使他们刻骨铭心。他们坚定地主张特异论的一极，并决绝地质疑普遍论的诉求。因为他们同样持续不懈的努力，社会心理和社会行为的文化嵌入性（cultural embeddedness）的概念开始深入人心，并且不断激发文化比较研究和本土化研究的热潮。奇妙的是，文化社会心理学的特异性路径，从新世纪开始逐渐解体，而迈向文化动态建构论（Chiu & Hong, 2006; Hong et al., 2000）和文化混搭研究（cultural mixing/polyculturalism）（赵志裕，吴莹特约主编，2015; 吴莹，赵志裕特约主编，2017; Morris et al., 2015）。

文化动态建构论路径，关涉每个个体的文化命运，如文化认知和知识激活、文化认同和文化融合等重大主题。我们每个个体宿命般诞生于某种在地的文化脉络而不是某种文化实体。经过生命历程的试错，在文化认知的基础上，我们开心眼，滋心灵，育德行。但文化认知的能力，是人类物种的禀赋，具有普世性。借由地方性的文化资源，我们成长为人，并不断地修补和提升认知力。我们首先成人，然后才是中国人或外国人、黄皮肤或黑白皮肤、宗教信徒或非信徒。

倚靠不断修补和提升的认知力，我们逐渐穿越地方性的文化场景，加工异文化的体系，建构生动而动态的"多元文化心智"（multicultural mind; Hong et al., 2000）。异质的"文化病毒"，或多元的文化"神灵"，"栖居"于我们的心智，从而表现出领域特异性。几乎没有"诸神之争"，她们在我们的心灵中各就其位。

这些异质的"文化病毒"，或多元的文化"神灵"不是暴君，也做不成暴君，绝对主宰不了我们的行为。因为先于她们，从出生时起，我们就被植入自由意志的天赋。我们的文化修行，只是手头待命的符号资源或"工具箱"（Swidler, 1986）；在行动中，我们会练习"文化开关"的转换技能和策略，并累积性地创造新工具或新的"文化病毒"（Sperber, 1996）。

第三个类别是在当代进化生物学的理智土壤中生长而壮大的群体，即进化社会心理学家群体。他们蔑视特异论者的"喧嚣"，把建构统一理论的雄心拓展至包括人类物种的整个动物界，以求揭示支配整个动物界的社会心理和社会行为的秩序和机制。以进化历程中的利他难题和性选择难题为核心，以有机体遗传品质的适应性（fitness）为逻辑起点，从 1964 年汉密尔顿（W. D. Hamilton）开始，不同的宏大理论（grand theories）[如亲属选择论（kin selection/inclusive fitness）、直接互惠论（direct reciprocal altruism）和间接互惠论（indirect reciprocal altruism）在利他难题上，亲本投资论（theory of parental investment; Trivers, 2002）在性选择难题上] 被构造出来。而进化定向的社会心理学者把进化生物学遗传品质的适应性转化为行为和心智的适应性，进化社会心理学作为新路径和新领域得以成就（如巴斯，2011, 2015; Buss, 2016）。

认知神经科学和社会认知的融合，催生了社会认知神经科学。以神经科学的新技术如功能性磁共振成像（fMRI）和正电子发射断层扫描（PET）为利器，社会认知的不同阶段、不同任务以及认知缺陷背后的大脑对应活动，正是最热点前沿（如 Eisenberger, 2015;

Eisenberger et al., 2003; Greene et al., 2001; Ochsner, 2007）。

（三）个体内过程：社会认知范式

在个体内水平，自 20 世纪 80 年代以来，以"暖认知"（warm cognition）或"具身认知"（embodied cognition）为核心的"社会认知革命"（李其维，2008; 赵蜜，2010; Barsalou, 1999; Barbey et al., 2005）取得了重要进展。其典范的启动程序（priming procedure）为洞悉人类心智的"黑箱"贡献了简洁武器，并且渗透于其他水平和其他主题的研究，如文化认知、群体认知（Yzerbyt et al. Eds., 2004）和偏差地图（高明华，2010; 佐斌等，2006; Fiske et al., 2002; Cuddy et al., 2007）。

卡尼曼有关行动者在不确定境况中的判断启发式及偏差的研究（卡尼曼等编，2008; Kahneman et al.Eds., 1982），以及塞勒有关禀赋效应和心理账户的研究（泰勒，2013, 2016），使社会认知的路径贯注于经济判断和决策领域。由此，行为经济学开始凸显。

（四）群体过程：社会表征范式

人际过程的研究，充斥着杂多的中小型理论模型，并受个体内过程和群体过程研究的挤压。最有理论综合潜能的可能是以实验博弈论为工具的有关竞争和合作的研究。

当代群体过程研究的革新者是莫斯科维奇。从北美有关群体规范形成、从众以及权威服从的研究传统中，莫斯科维奇洞悉了群体秩序和群体创新的辩证法。莫斯科维奇的团队从 1969 年开始，在多数人影响之外，专注于少数人影响的机制。他提出的以少数人行为风格一致性为基础的众从模型（conversion theory），以及在此基础上不断完善的多数人和少数人影响的双过程模型（如 De Deru et al. Eds., 2001; Nemeth, 2018），重构了群体过程研究的形貌。莫斯科维奇有关少数人影响的研究历程，佐证了其理论的可信性与有效性（Moscovici, 1996）。

社会表征论（social representation）则是莫斯科维奇对当代社会心理学的另一重大贡献（Moscovici, 2000）。他试图超越北美不同版本内隐论（implicit theories）的还原主义和个体主义逻辑，解释和说明常识在社会沟通实践中的生产和再生产过程。社会表征论从 20 世纪 90 年代开始，激发了丰富的理论探索和实证研究（如管健，2009；赵蜜，2017；Doise et al., 1993；Liu, 2004；Marková, 2003），并熔铸于当代社会理论（梅勒，2009）。

（五）群际过程：社会认同范式及其替代模型

泰弗尔的社会认同论（social identity theory, SIT）革新了当代群际过程研究。泰弗尔首先奠定了群际过程崭新的知识基础和典范程序：建构主义群体观、对人际群际行为差异的精妙辨析，以及"最简群体范式"（minimal group paradigm）实验程序。从 1967 年开始，经过十多年持续不懈的艰苦努力，泰弗尔和他的团队构造了以社会范畴化、社会比较、认同建构和认同解构 / 重构为核心的社会认同论。社会认同论，超越了前泰弗尔时代北美盛行的还原主义和个体主义的微观利益解释路径，基于行动者的多元群体资格来研究群体过程和群际关系（布朗，2007；Tajfel, 1970, 1981；Tajfel & Turner, 1986）。

在泰弗尔于 1982 年辞世之后，社会认同论在其学生特纳的领导下，有不同版本的修正模型，如不确定性认同论（uncertainty-identity theory；Hogg, 2007）和最优特异性模型（optimal distinctiveness model）。其中，最有影响的是特纳等人的"自我归类论"（self-categorization theory；Turner et al., 1987）。在自我归类论中，特纳提出了一个精妙构念——元对比原则（meta-contrast principle），它是行为连续体中范畴激活的基本原则（Turner et al., 1987）。所谓元对比原则，是指在群体中，如果群体成员之间在某特定维度上的相似性权重弱于另一维度的差异性权重，沿着这个有差异的维度就会分化出两个群体，群际关系由此从群体过程中凸显。特纳的元对比原则，有两方面的重要贡献：其一，它完善了其恩师的人际群际行为差异的观念，使之转换为人际群际行为连续体；其二，它卓有成效地解决了内群行为和群际行为的转化问题。

但社会认同论仍存在基本理论困扰：内群偏好（ingroup favoritism）和外群敌意（outgroup hostility）难题。不同的修正版本都没有妥善地解决这个基本问题。倒是当代社会认知的大家费斯克及其团队从群体认知出发，通过刻板印象内容模型（stereotype content model, STM; Fiske et al., 2002）巧妙解决了这个难题，并经由"偏差"地图（BIAS map; Cuddy et al., 2007）把刻板印象（群际认知）、偏见（群际情感）和歧视（群际行为）融为一体。

典范意味着符号霸权，但同时也是超越的目标和击打的靶心。在社会认同范式的笼罩下，以自尊假设和死亡凸显（mortality salience）为核心的恐惧管理论（terror management theory, TMT）（张阳阳，佐斌，2006; Greenberg et al., 1997）、社会支配论（social dominance theory; Sidanius & Pratto, 1999）和体制合理化理论（system justification theory; Jost & Banaji, 1994）被北美学者构造出来，尝试替代解释群际现象。它有两方面的意涵：其一，它意味着人格心理学对北美社会心理学的强大影响力；其二，它意味着北美个体主义和还原主义的精神气质期望在当代宏观社会心理过程中借尸还魂，而这尸体就是腐败达半世纪的权威人格论及其变式。

四、铸就中国社会心理学的"社会之魂"

中国当代社会心理学自 1978 年恢复、重建以来，"本土行动、全球情怀"可道其风骨。立足于本土行动的研究实践历经二十余载，催生了"文化自觉"的信心和勇气。中国社会心理学者的全球情怀，也从 21 世纪起开始凸显。

（一）"本土行动"的研究路径

所有国别中的社会心理学研究，首先都是本土性的研究实践。中国当代社会心理学的研究也不例外，其"本土行动"的研究实践，包括以下两类研究路径。

1. 中国文化特异性路径

以中国文化特异性为中心的研究实践，已经取得一定成就。援引解释水平的线索，可从个体、人际、群体和群际层面进行概要评论。在个体层面，受杨国枢中国人自我研究的激发，金盛华和张建新尝试探究自我价值定向理论和中国人人格模型；彭凯平的分析思维辩证思维概念、侯玉波的中国人思维方式探索以及杨中芳的"中庸"思维研究，都揭示了中国人独特的思维方式和认知特性；刘力有关中国人的健康表征研究、汪新建和李强团队的心理健康和心理咨询研究，深化了对中国人健康和疾病观念的理解。而周欣悦的思乡研究、金钱启动研究和控制感研究，也有一定的国际影响。在人际层面，黄光国基于儒家关系主义探究了"中国人的权力游戏"，并激发了翟学伟和佐斌等有关中国人的人情、面子和里子研究；叶光辉的孝道研究，增进了对中国人家庭伦理和日常交往的理解。在群体层面，梁觉的社会通则概念，王垒、王辉、张志学、孙健敏和郑伯埙等有关中国组织行为和领导风格的研究，尝试探究中国人的群体过程和组织过程。而在群际层面，杨宜音的"自己人"和"关系化"研究，展现了中国人独特的社会分类逻辑；沙莲香有关中国民族性的系列研究，也产生了重大影响。

上述研究增强了中国社会心理学共同体的学术自信。但这些研究也存在有待完善的共同特征。第一，这些研究都预设一种个体主义－集体主义文化的二元对立，而中国文化被假定和西方的个体主义文化不同，位于对应的另一极。第二，这些研究的意趣过分执着于中国文化共同体相对静止而凝固的面向，有的甚至隐含汉族中心主义和儒家中心主义倾向。第三，这些研究的方法程序大多依赖于访谈或问卷／量表。第四，这些研究相对忽视了当代中国社会的伟大变革对当代中国人心灵的塑造作用。

2. 稳态社会路径

稳态社会路径对理论论辩没有丝毫兴趣，但它是大量经验研究的主宰偏好。其问题意识，源于对西方主流学界尤其是北美社会心理学界的追踪、模仿和复制，并常常伴随中西文化比较的冲动。在积极意义上，这种问题意识不断刺激国内学子研读和领悟主流学界的进展；但其消极面是使中国社会心理学的精神品格，蜕变为北美研究时尚的落伍追随者，其典型例证如被各级地方政府追捧的有关主观幸福感的研究。北美社会已经是高度稳态的程序社会，因而其学者问题意识的生长点只能是稳态社会的枝节问题。而偏好稳态社会路径的中国学者，面对的是急剧的社会变革和转型。社会心理现象的表现形式、成因、后果和应对策略，在稳态社会与转型社会之间，存在质的差异。

稳态社会路径的方法论偏好，可归结为真空中的个体主义。活生生的行动者，在研究过程中被人为剔除了其在转型社会中的丰富特征，而被简化为高度同质的原子式的个体。强调社会关怀的社会心理学，蜕变为"非社会"（asocial）的社会心理学。而其资料收集程序，乃是真空中的实验或问卷调查。宏大的社会现实，被歪曲或简化为人为的实验室或田野中漠不相关的个体之间虚假的社会互动。社会心理学的"社会"之魂由此被彻底放逐。

（二）超越"怪异心理学"的全球情怀

中国社会"百年未有之大变局"，给中国社会心理学者提供了千载难逢的社会实验室。一种以中国社会转型为中心的研究实践，从21世纪开始焕发生机。其理论抱负不是对中西文化进行比较，也不是为西方模型提供中国样本资料，而是要真切地面对中国伟大的变革现实，以系统描述、理解和解释置身于转型社会的中国人心理和行为的逻辑和机制。其直面的问题虽是本土本真性的，但由此系统萌生的情怀却是国际性的，力图超越"怪异心理学"［western, educated, industrialized, rich, and democratic (WEIRD) psychology; Henrich et al., 2010］，后者因其研究样本局限于西方受过良好教育的工业化背景的富裕社会而饱受诟病。

乐国安团队有关网络集体行动的研究，周晓虹有关农民群体社会心理变迁、"城市体验"和"中国体验"的研究，杨宜音和王俊秀团队有关社会心态的研究，方文有关群体符号边界、转型心理学和社会分类权的研究（方文，2017），高明华有关教育不平等的研究（高明华，2013），赵德雷有关社会污名的研究（赵德雷，2015），赵蜜有关政策社会心理学和儿童贫困表征的研究（赵蜜，2019; 赵蜜，方文，2013），彭泗清团队有关文化混搭（cultural mixing）的研究，都尝试从不同侧面捕捉中国社会转型对中国特定群体的形塑过程。这些研究的基本品质，在于研究者对社会转型的不同侧面的高度敏感性，并以之为基础来构造自己研究的问题意识。其中，赵志裕和康萤仪的文化动态建构论模型有重要的国际影响。

（三）群体地图与中国体验等紧迫的研究议题

面对空洞的宏大理论和抽象经验主义的符号霸权，米尔斯呼吁社会学者应以持久的人类困扰和紧迫的社会议题为枢纽，重建社会学的想象力。而要滋养和培育中国当代社会心理学的想象力和洞察力，铸就社会心理学的"社会之魂"，类似地，必须检讨不同样式的生理决定论和还原论，直面生命持久的心智困扰和紧迫的社会心理议题。

不同样式的生理决定论和还原论，总是附身于招摇的研究时尚，呈现不同的惑人面目，如认知神经科学的殖民倾向。社会心理学虽历经艰难而理智的探索，终于从生理/本能决定论中破茧而出，却持续受到认知神经科学的侵扰。尽管大脑是所有心智活动的物质基础，尽管所有的社会心理和行为都有相伴的神经相关物，尽管社会心理学者对所有的学科进展有持续的开放胸怀，但人类复杂的社会心理过程无法还原为个体大脑的结构或功能。而今天的研究时尚，存在神经研究替代甚至凌驾完整动态的生命活动研究的倾向。又如大数据机构的营销术。据称大数据时代已经来临，而所有生命活动的印迹，通过计算社会科学，都能被系统挖掘、集成、归类、整合和预测。类似于乔治·奥威尔所著《一九八四》中老大哥的眼神，这是令人恐怖的数字乌托邦迷思。完整动态的生命活动，不是数字，也无法被还原为数字，无论是基于每个生命从出生时起就被永久植入的自由意志，还是自动活动与控制活动的分野都是如此。

铸就中国当代社会心理学的"社会之魂"，必须直面转型中国社会紧迫的社会心理议题。

（1）数字时代人类社会认知能力的演化。方便获取的数字文本、便捷的文献检索和存储方式，彻底改变了生命学习和思考的语境。人类的社会认知过程的适应和演化是基本难题之一。"谷歌效应"（Google effect; Sparrow et al., 2011）已经初步揭示便捷的文献检索和存储方式正败坏长时记忆系统。

（2）"平庸之恶"风险中的众从。无论是米尔格拉姆的权威服从实验还是津巴多的"路西法效应"研究，无论是二战期间纳粹德国的屠犹还是日本法西斯在中国和东南亚的暴行，无论是当代非洲的种族灭绝还是不时发生的恐怖活动，如何滋养和培育超越这些"平庸之恶"的众从行为和内心良知，都值得探究。它还涉及如何汇集民智、民情和民意的"顶层设计"。

（3）中国社会的群体地图。要想描述、理解和解释中国人的所知、所感、所行，必须从结构层面深入人心层面，系统探究社会转型中不同群体的构成特征、认知方式、情感体验、惯常行为模式和生命期盼。

（4）中国体验与心态模式。如何系统描绘社会变革语境中中国民众人心秩序或"中国体验"与心态模式的变迁，培育慈爱之心和公民美德，对抗非人化（dehumanization）或低人化（infra-humanization）趋势，也是紧迫的研究议程之一。

五、文化自觉的阶梯

中国社会"百年未有之变局"，或社会转型，已经并正在形塑整体中国人的历史命运。如何从结构层面深入人心层面来系统描述、理解和解释中国人的所知、所感及所行？如何把社会转型的现实灌注于中国社会心理学的研究场景，以缔造中国社会心理学的独特品格？如何培育中国社会心理学者对持久的人类困扰和紧迫的社会议题的深切关注和敏感？所有这些难题，都是中国社会心理学者不得不直面的挑战，但同时也是理智复兴的机遇。

中国社会转型，给中国社会心理学者提供了独特的社会实验室。为了描述、理解和解释社会转型中中国人的心理和行为逻辑，应该呼唤直面社会转型的社会心理学的研究，或转型心理学的研究。转型心理学的路径，期望能够把握和捕捉社会巨变的脉络和质地，超越文化特异性路径和稳态社会路径，以求实现中国社会心理学的理智复兴（方文，2008b，2014；方文主编，2013；Fang, 2009）。

中国社会心理学的理智复兴，需要在直面中国社会转型的境况下，挖掘本土资源和西方资源，进行脚踏实地的努力。追踪、学习、梳理及借鉴西方社会心理学的新进展，就成为无法绕开的基础性的理论工作，也是最有挑战性和艰巨性的理论工作之一。

从前辈学者开始，对西方社会心理学的翻译、介绍和评论，从来就没有停止过。这些无价的努力，已经熔铸于中国社会心理学研究者和年轻学子的心智，有助于滋养学术品位，培育"文化自觉"之心。但翻译工作还主要集中于西方尤其是北美的社会心理学教科书。

教科书作为学术社会化的基本资源，只能择要选择相对凝固的研究发现和理论模型。整体研究过程和理论建构过程中的鲜活逻辑，都被忽略或遗弃了。学生面对的不是原初的完整研究，而是由教科书的编/作者筛选过的第二手资料。期望学生甚至是研究者直接亲近当代社会心理学的典范研究，就是出版"当代西方社会心理学名著译丛"的初衷。

本译丛第一辑名著的选择，期望能近乎覆盖当代西方社会心理学的主宰范式。其作者，或者是特定研究范式的奠基者和开拓者，或者是特定研究范式的当代旗手。这套从 2011 年开始出版和陆续重印的名著译丛，广受好评，也在一定意义上重铸了中文社会心理学界的知识基础。而今启动的第二辑在书目选择上也遵循第一辑的编选原则——"双重最好"（double best），即当代西方社会心理学最好研究者的最好专著文本，尽量避免多人合著的作品或论文集。已经确定的名篇有《情境中的知识》（Jovchelovitch, 2007）、《超越苦乐原则》（Higgins, 2012）、《努力的意义》（Dweck, 1999）、《归因动机论》（Weiner, 2006）、《欲望的演化》（Buss, 2016）、《偏见》（Brown, 2010）、《情绪传染》（Hatfield et al., 1994）、《偏见与沟通》（Pettigrew & Tropp, 2011）和《道德之锚》（Ellemers, 2017）。

正如西蒙所言，没有最优决策，最多只存在满意决策。文本的筛选和版权协商，尽管尽心尽力、精益求精，但总是有不可抗力而导致痛失珍贵的典范文本，如《自然选择和社会理论》（Trivers, 2002）以及《为异见者辩护》（Nemeth, 2018）等。

期望本名著译丛的出版，能开启中国社会心理学的"文化自觉"。

鸣 谢

从 2000 年开始，我的研究幸运地持续获得国家社会科学基金（2000, 2003, 2008, 2014, 2020）和教育部人文社会科学重点研究基地重大项目基金（2006, 2011, 2016）的资助。最近获得资助的是 2016 年度教育部人文社会科学重点研究基地重大项目"阻断贫困再生产：儿童贫困后效、实验干预与政策反思"（项目批准号为 16JJD840001）和 2020 年度国家社会科学基金一般项目"宗教和灵性心理学的跨学科研究"（项目批准号为 20BZJ004）。"当代西方社会心理学名著译丛"（第二辑），也是这些资助项目的主要成果之一。

而近 20 年前有幸结识潘宇博士，开始了和中国人民大学出版社的良好合作。潘宇博士，沙莲香先生的高徒，以对社会心理学学科制度建设的激情、承诺和敏锐洞察力，给我持续的信赖和激励。本名著译丛从最初的构想、书目选择到版权事宜，她都给予了持续的支持和推动。中国人民大学出版社的张宏学和郦益在译丛出版过程中则持续地贡献了智慧和耐心。

最后衷心感谢本译丛学术顾问和编辑委员会所有师友的鼎力支持、批评和建议，也衷心感谢所有译校者的创造性工作。

方 文

2020 年 7 月

参考文献

巴斯 . (2011). *欲望的演化:人类的择偶策略* (修订版;谭黎 , 王叶译). 中国人民大学出版社 .

巴斯 . (2015). *进化心理学:心理的新科学* (第 4 版;张勇 , 蒋柯译). 商务印书馆 .

波特 , 韦斯雷尔 . (2006). *话语和社会心理学:超越态度与行为* (肖文明等译). 中国人民大学出版社 .

布朗 . (2007). *群体过程* (第 2 版;胡鑫 , 庆小飞译). 中国轻工业出版社 .

方文 . (1997). 社会心理学百年进程 . *社会科学战线* (2), 248-257.

方文 . (2001). 社会心理学的演化:一种学科制度视角 . *中国社会科学* (6), 126-136, 207.

方文 . (2008a). *学科制度和社会认同* . 中国人民大学出版社 .

方文 . (2008b). 转型心理学:以群体资格为中心 . *中国社会科学* (4), 137-147.

方文 . (2014). *转型心理学* . 社会科学文献出版社 .

方文 . (2017). 社会分类权 . *北京大学学报:哲学社会科学版* , *54*(5), 80-90.

方文 (主编). (2013). *中国社会转型:转型心理学的路径* . 中国人民大学出版社 .

高明华 . (2010). 刻板印象内容模型的修正与发展:源于大学生群体样本的调查结果 . *社会* , *30*(5), 200-223.

高明华 . (2013). 教育不平等的身心机制及干预策略:以农民工子女为例 . *中国社会科学* (4), 60-80.

管健 . (2009). 社会表征理论的起源与发展:对莫斯科维奇《社会表征:社会心理学探索》的解读 . *社会学研究* (4), 232-246.

黄仁宇 . (2007). *万历十五年* (增订本). 中华书局 .

卡尼曼 , 斯洛维奇 , 特沃斯基 (编). (2008). *不确定状况下的判断:启发式和偏差* (方文等译). 中国人民大学出版社 .

李其维 . (2008). "认知革命"与"第二代认知科学"刍议 . *心理学报* , *40*(12), 1306-1327.

罗玮 , 罗教讲 . (2015). 新计算社会学:大数据时代的社会学研究 . *社会学研究* (3), 222-241.

梅勒 . (2009). *理解社会* (赵亮员等译). 北京大学出版社 .

泰勒 . (2013). *赢者的诅咒:经济生活中的悖论与反常现象* (陈宇峰等译). 中国人民大学出版社 .

泰勒 . (2016). "错误" 的行为 : 行为经济学的形成 (第 2 版 , 王晋译). 中信出版
　　集团 .

吴莹 , 赵志裕 (特约主编). (2017). 中国社会心理学评论 : 文化混搭心理研究 (Ⅱ).
　　社会科学文献出版社 .

乐国安 (主编). (2009). 社会心理学理论新编 . 天津人民出版社 .

张阳阳 , 佐斌 . (2006). 自尊的恐惧管理理论研究述评 . 心理科学进展 , 14(2),
　　273-280.

赵德雷 . (2015). 农民工社会地位认同研究 : 以建筑装饰业为视角 . 知识产权出
　　版社 .

赵蜜 . (2010). 以身行事 : 从西美尔风情心理学到身体话语 . 开放时代 (1), 152-
　　160.

赵蜜 . (2017). 社会表征论 : 发展脉络及其启示 . 社会学研究 (4), 222-245, 250.

赵蜜 . (2019). 儿童贫困表征的年龄与城乡效应 . 社会学研究 (5), 192-216.

赵蜜 , 方文 . (2013). 社会政策中的互依三角 : 以村民自治制度为例 . 社会学研究
　　(6), 169-192.

赵志裕 , 吴莹 (特约主编). (2015). 中国社会心理学评论 : 文化混搭心理研究 (Ⅰ).
　　社会科学文献出版社 .

周晓虹 . (1993). 现代社会心理学史 . 中国人民大学出版社 .

佐斌 , 张阳阳 , 赵菊 , 王娟 . (2006). 刻板印象内容模型 : 理论假设及研究 . 心理
　　科学进展 , 14(1), 138-145.

Barbey, A., Barsalou, L., Simmons, W. K., & Santos, A. (2005). Embodiment in
　　religious knowledge. *Journal of Cognition & Culture*, *5*(1-2), 14-57.

Barsalou, L. W. (1999). Perceptual symbol systems. *Behavioral & Brain Sciences*, *22* (4),
　　577-660.

Billig, M. (1996). *Arguing and thinking: A rhetorical approach to social psychology*
　　(New ed.). Cambridge University Press.

Brown, R. (2010). *Prejudice: It's social psychology* (2nd ed.). Wiley-Blackwell.

Burke, P. J. (Ed.). (2006). *Contemporary social psychological theories*. Stanford
　　University Press.

Buss, D. M. (2016). *The evolution of desire: Strategies of human mating*. Basic Books.

Chiu, C., & Hong, Y. (2006). *Social psychology of culture*. Psychology Press.

Cuddy, A. J., Fiske, S. T., & Glick, P. (2007). The BIAS map: Behaviors from intergroup affect and stereotypes. *Journal of Personality & Social Psychology, 92* (4), 631–648.

De Dreu, C. K. W., & De Vries, N. K. (Eds.). (2001). *Group consensus and minority influence: Implications for innovation.* Blackwell.

Doise, W. (1986). *Levels of explanation in social psychology* (E. Mapstone, Trans.). Cambridge University Press.

Doise, W., Clémence, A., & Lorenzi-Cioldi, F. (1993). *The quantitative analysis of social representations* (J. Kaneko, Trans.). Harvester Wheatsheaf.

Dweck, C. S. (1999). *Self-theories: Their role in motivation, personality and development.* Psychology Press.

Eisenberger, N. I. (2015). *Social pain and the brain: Controversies, questions, and where to go from here. Annual Review of Psychology, 66*, 601–629.

Eisenberger, N. I., Lieberman, M. D., & Williams, K. D. (2003). Does rejection hurt? An fMRI study of social exclusion. *Science, 302* (5643), 290–292.

Ellemers, N. (2017). *Morality and the regulation of social behavior: Group as moral anchors.* Routledge.

Fang, W. (2009). Transition psychology: The membership approach. *Social Sciences in China, 30* (2), 35–48.

Fiske, S. T., Cuddy, A. J., Glick, P., & Xu, J. (2002). A model of (often mixed) stereotype content: Competence and warmth respectively follow from perceived status and competition. *Journal of Personality & Social Psychology, 82* (6), 878–902.

Gergen, K. J. (2001). *Social construction in context.* Sage.

Greenberg, J., Solomon, S., & Pyszczynski, T. (1997). Terror management theory of self-esteem and cultural worldviews: Empirical assessments and conceptual refinements. In P. M. Zanna (Eds.), *Advances in experimental social psychology* (Vol. 29, pp. 61–139). Academic Press.

Greene, J. D., Sommerville, R. B., Nystrom, L. E., Darley, J. M., & Cohen, J. D. (2001). An fMRI investigation of emotional engagement in moral judgment. *Science, 293* (5537), 2105–2108.

Hatfield, E., Cacioppo, J. T., & Rapson, R. L. (1994). *Emotional contagion.* Cambridge University Press.

Henrich, J., Heine, S. J., & Norenzayan, A. (2010). The weirdest people in the world? *Behavioral & Brain Sciences, 33*(2–3), 6183.

Higgins, E. T. (1996). Activation: Accessibility, and salience. In E. T. Higgins & A. Kruglanski (Eds.), *Social psychology: Handbook of basic principles* (pp. 133–168). Guilford.

Higgins, E. T. (2012). *Beyond pleasure and pain: How motivation works*. Oxford University Press.

Hogg, M. A. (2007). Uncertainty-identity theory. *Advances in Experimental Social Psychology, 39,* 69126.

Hong, Y., Morris, M. W., Chiu, C., & Benet-Martínez, V. (2000). Multicultural minds: A dynamic constructivist approach to culture and cognition. *American Psychologist, 55*(7), 709–720.

House, J. S. (1977). The three faces of social psychology. *Sociometry, 40*(2), 161–177.

Jost, J. T., & Banaji, M. R. (1994). The role of stereotyping in system-justification and the production of false consciousness. *British Journal of Social Psychology, 33*(1), 1–27.

Jovchelovitch, S. (2007). *Knowledge in context: Representations, community and culture*. Routledge.

Kahneman, D., Slovic, P., & Tversky, A. (Eds.). (1982). *Judgment under uncertainty: Heuristics and biases*. Cambridge university press.

Kruglanski, A. W., & Higgins, E. T. (Eds.). (2007). *Social psychology: Handbook of basic principles*. Guilford.

Liu, L. (2004). Sensitising concept, themata and shareness: A dialogical perspective of social representations. *Journal for the Theory of Social Behaviour, 34* (3), 249–264.

Macy, M. W., & Willer, R. (2002). From factors to actors: Computational sociology and agent-based modeling. *Annual Review of Sociology, 28,* 143–166.

Marková, I. (2003). *Dialogicality and social representations: The dynamics of mind*. Cambridge University Press.

Morris, M. W., Chiu, C., & Liu, Z. (2015). Polycultural psychology. *Annual Review of Psychology, 66,* 631–659.

Moscovici, S. (1996). Foreword: Just remembering. *British Journal of Social Psychology, 35,* 5–14.

Moscovici, S. (2000). *Social representations: Explorations in social psychology*. Polity.

Moscovici, S., & Marková, I. (2006). *The making of modern social psychology: The hidden story of how an international social science was created*. Polity.

Nemeth, C. (2018). *In defense of troublemakers: The power of dissent in life and business*. Basic Books.

Ochsner, K. N. (2007). Social cognitive neuroscience: Historical development, core principles, and future promise. In A. W. Kruglanski & E. T. Higgins (Eds.), *Social psychology: Handbook of basic principles* (pp. 39–66). Guilford.

Parker, I., & Shotter, J. (Eds.). (1990). *Deconstructing social psychology*. Routledge.

Pettigrew, T. F., & Tropp, L. R. (2011). *When groups meet: The dynamics of intergroup contact*. Psychology Press.

Potter, J., & Wetherell, M. (1987). *Discourse and social psychology: Beyond attitudes and behaviour*. Sage.

Rosenthal, R., & DiMatteo, M. (2001). Meta-analysis: Recent developments in quantitative methods for literature review. *Annual Review of Psychology, 52*, 59–82.

Sidanius, J., & Pratto, F. (2001). *Social dominance: An intergroup theory of social hierarchy and oppression*. Cambridge University Press.

Sparrow, B., Liu, J., & Wegner, D. M. (2011). Google effects on memory: Cognitive consequences of having information at our fingertips. *Science, 333* (6043), 776–778.

Sperber, D. (1996). *Explaining culture: A naturalistic approach*. Blackwell.

Swidler, A. (1986). Culture in action: Symbols and strategies. *American Sociological Review, 51*(2), 273–286.

Tajfel, H. (1970). Experiments in intergroup discrimination. *Scientific American, 223* (5), 96–103.

Tajfel, H. (1981). *Human groups and social categories: Studies in social psychology*. Cambridge University Press.

Tajfel, H., & Turner, J. C. (1986). The social identity theory of intergroup behavior. In S. Worchel & L. W. Austin (Eds.), *Psychology of intergroup relations* (pp. 7–24). Nelson-Hall.

Trivers, R. (2002). *Natural selection and social theory: Selected papers of Robert Trivers*. Oxford University Press.

Turner, J. C., Hogg, M. A., Oakes, P. J., Reicher, S. D., & Wetherell, M. S. (1987). *Rediscovering the social group: A self-categorization theory*. Blackwell.

Van Dijk, T. A. (1993). *Elite discourse and racism*. Sage.

Van Lange, P. A. M., Kruglanski, A. W., & Higgins, E. T. (Eds.). (2012). *Handbook of theories of social psychology*. Sage.

Weiner, B. (2006). *Social motivation, justice, and the moral emotions: An attributional approach*. Erlbaum.

Wyer, R. S., Chiu, C., & Hong, Y. (Eds.). (2009). *Understanding culture: Theory, research, and application*. Psychology Press.

Yzerbyt, V., Judd, C. M., & Corneille, O. (Eds.). (2004). *The psychology of group perception: Perceived variability, entitativity, and essentialism*. Psychology Press.

致　谢

感谢文字编辑辛西娅·克莱门特（Cynthia Clement）协助查证引注，并使之恰如其分地呈现为学术资料。感谢菲尔·贾马泰奥（Phil Giammatteo）和维尼塔·沙阿（Vinita Shah）在图书检索上的帮助，以及玛丽安·奥弗斯特里特（Maryann Overstreet）在翻译西奥多·利普斯（Theodor Lipps）的德文文本上的帮助。

目 录

引言与概览

❖ 引言

　　理查德·拉普森（Richard L. Rapson）与我（伊莱恩·哈特菲尔德，Elaine Hatfield）在过去十余年均以治疗师的身份共事。我们时常在饭桌上"复盘"治疗会谈，并常感叹于自身如何擅长"捕捉"[①]来访者稍纵即逝的情绪，以及自身心境如何深受其影响而随之波动。

　　犹记某日，迪克[②]在治疗会谈结束后不耐烦地抱怨："今天真的感觉自己很孤立无援。我希望你能进来说点什么，但你就是让我自己一个人在那挺着。这到底是怎么回事？"我顿感吃惊。在过去一小时的会谈中，他是如此智慧非凡而让我无从置喙；实际上，我深觉自己才智不逮而局促不安。与他一起回顾整个会谈后，方才发现交谈时彼此均已发现自身的焦虑与不满。其结果是显而易见的：我们都过分聚焦于自身的责任与情感，为来访者冷静的外表所迷惑而忽视了她背后隐藏的焦虑。稍后，她承认在过去一小时的谈话过程中，她一直害怕我们会问及毒品问题，并发现她已将毒品还给身为毒贩且有虐待前科的

---

① 原文为"catch"，意指逼真再现或准确描绘（to show or describe something accurately），包括意识层面的察觉和行为层面的再现两层含义。为表述简洁，在正文中一般译为"复现"。有时为更好贴合语境，也译为"捕捉""觉察/察觉/觉知""体验"等。——译者注（下文脚注如未特别交代，均为译者注）
② 即 Richard L. Rapson，迪克（Dick）在此为 Richard 的昵称。

丈夫。

人们轻易即可发现自己能察觉他人之情绪。治疗师能很快发觉来访者正强压对你和全世界的怒火；在与处于抑郁之中的来访者交谈时，则可体验到那绵长缓慢的死寂。这种抑郁情绪是如此致命，以至于我常难以持续交谈而几欲陷于昏睡。

但迪克与我稍后才意识到，即使在个人的私密交流中也存在情绪传染。使我们有感于情绪的自动共振之普遍并下决心对此迷人过程一探究竟的，是一个意外事件。我在夏威夷大学有一位同事，身为世界知名学者与科学家，素以高傲、强硬和成功者的形象示人。我俩虽既是密友也是政治盟友，但每次与之交谈仍恐自身过于愚钝而令其生厌，总觉促狭难安，意想下一次应有更佳表现。经历三年的治疗师生涯后，在一次极为痛苦的谈话过程中，我猛然意识到症结之所在：自己依然太过注重**自身**之过失而变得心慌意乱。自己总将持续的尴尬完全归因于自身，而未体察对方之反应。但在社会互动中，**只关注自己与只关注他人**其实同等盲目。只有交替关注自己与他人的反应，并将注意力不时迁移至互动过程的不同分析水平，才能获得最有效的信息。当我抽身反思、理性分析**我这同事**的感受及言语时，我发现他自己其实也焦虑不已。很快我即发现，他虽身形孔武，咄咄逼人，但其实在谈话时**总是**心神不安。焦虑之神情时而拂过脸面，嗓门变大，体态扭捏，双脚不时交互支撑重心。再下一次会面时，我刻意提醒无须让自己装得富有魅力、挥洒智慧，而将精力置于让自己安抚与肯定我那焦虑的朋友。这招可真奏效，我俩都安然了许多。

意识到情绪传染的无处不在后，迪克与我不禁为之困惑。长期以来，我们为何会对自身情绪做出如此自我中心而错误百出的归因？为何会没有意识到原始的情绪传染的存在？为何长久以来未去检视自身之情绪以发现他人之所感？传染的具体过程为何？为此，我们开始了探寻之旅。

❖ 定义

这里先对**情绪**和**原始情绪传染**做一定义。情绪与注意和记忆的区别至少有二：一是情绪刺激有积极和消极之分；二是情绪刺激对人之行为具有两极（bivalent）驱动性（即趋近或回避）。费希尔等（Fischer, Shaver, & Carnochan, 1990）还曾指出：

> ［情绪］是有组织、有意义的通用适应性行为系统。……［它们是］复杂的综合功能系统，包含奖赏、模式化的生理过程、行为倾向、主观情感、表情和工具性行为[①]。……但它们中任何一个，又非某一特定情绪所必需。情绪有其类属，同一类属的情绪共享某些家族相似性而非某一通用特征。（pp. 84-85）

据此，他们提出了如下的情绪分级（见图0.1）。

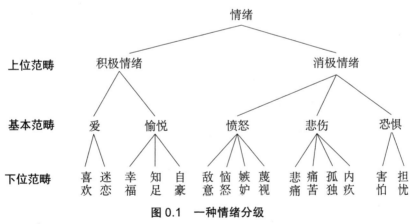

图 0.1　一种情绪分级

资料来源：Fischer et al., 1990, p. 90.

当然，研究者对情绪的分级并不统一（Ekman, 1993; Izard, 1992;

[①]　工具性行为（instrumental behavior）的基本含义有二：一是指通过正强化或负强化习得的（非本能）行为，等同于操作行为（operant behavior）；二是指直接影响或掌控其他人（或动物）行为的行为。本书中主要指后一种含义。

4 Ortony & Turner, 1990; Panksepp, 1992[①]）。但多数理论家倾向于认为
"情绪集"（emotional packages）包含多种成分，即：觉知（conversant
awareness）；面部表情、声音、姿势；神经生理和自主神经系统（ANS）
活动；工具性行为。此外，不同情绪还关联不同的脑区（Gazzaniga,
1985; Lewicki, 1986; MacLean, 1975; Panksepp, 1986; Papez, 1937）。

> 事之繁杂无止境，只因万物皆相关。
>
> ——埃尔文·布鲁克斯·怀特

早期理论家追问情绪之认知、躯体及行为成分的先后顺序，晚
近理论家则跳出这一单维线性思维，认为这得"看情况而定"：情绪
刺激可同时触发意识、躯体和行为内容，但孰先孰后取决于个体与情
境。因此，当下理论家更关心某一情绪成分与其他成分之间的相互作
用过程（Berscheid, 1983; Candland, 1977; Carlson & Hatfield, 1992）。
莱尔德和布雷斯勒（Laird & Bresler, 1992）对此概括如下：

> 通常而言，情绪片段的所有成分都多少通过某一核心机制产
> 生，但其中任何成分的激活均会引发其他成分的活动。这一交互效
> 应可能与有机体的生理构造有关……或是源自悠远历史进程中因情
> 绪反应的匹配出现而形成的经典条件反射。（p. 49）

为此，本书的情绪定义强调情绪集之各成分对情绪体验与行为的塑造
作用。

我们将**情绪传染**（emotional contagion）定义为一种由心理、生
理、行为和社会等多重因素决定的现象。之所以称其**由多重因素决定**
5 （**multiply determined**），是因为情绪传染可由内在刺激引发（如母亲哺

① Panksepp, J. (1992). A critical role for "affective neuroscience" in resolving
what is basic about basic emotions. *Psychological Review, 99*(3), 554–560. 原书中年
份为 in press。

育婴儿的表情与行为），也可由习得刺激、心理模拟、情绪想象引发。情绪传染是**一类**（family）现象，因为它既能引发同类反应（比如微笑引发微笑），也可引发互补反应（比如怒而攮拳可致胆怯之人恐惧畏缩，这可称为**反向传染** [countercontagion]）。它同时还具有**多种层次**：某人的突发刺激对他人产生影响（即为他人所感知和理解），从而引发相继或互补的情绪（觉知；面部表情、声音、姿势；神经生理和 ANS 活动；整体情绪 – 行为反应）。因此，情绪传染的重要后果之一即在于使注意、情绪和行为得以同步，从而使社会实体（二人组或更大规模的群体）形成适应性效用（或退缩）与情绪。

本书之要旨仅在讨论基本或称**原始情绪传染**，即相对自动化、无意间产生、不受控制且多无法觉知的情绪传染，其定义为

> 自动模仿他人的面部表情、声音、姿势和动作并与之同步，从而在情绪上趋于一致的倾向。（Hatfield et al., 1992, pp. 153-154）

❖ 本书架构

第一章和第二章介绍情绪传染与原始情绪传染的三种机制，同时回顾产生原始情绪传染的依据。其中，第一章说明人们确实倾向于自动模拟或同步周围之人的面部表情、声音、姿势和动作，第二章则说明人们确能经常体验到其所采用的面部表情、声音、姿势的情绪内涵。

第三章从动物研究、发展心理学、临床心理学和社会心理学等学科视角回顾佐证情绪传染之普遍性的跨学科证据。我们还检视来自表演艺术和历史记录的证据。第四章描绘那些善用自身情绪传染他人的人，第五章则着重介绍最易受他人情绪影响的人。这分别代表促成情

6

绪传染的两种典型情境。

情绪传染对于私人关系而言具有重要意义，它促成了行为同步及对他人的感同身受，即便这种感受只是未经表达的言外之意。第六章总结研究发现，并勾勒未来研究可深入拓展的大致方向。

伊莱恩·哈特菲尔德

第一章 |||||
情绪传染的机制
情绪模仿／同步

我存在于人类之中。

——约翰·邓恩

❖ 理论概述

情绪传染是一类同时涉及社会、生理、心理和行为特征的多重现象。理论上讲，情绪有多种"复现"方式，以下将择要进行介绍。

人们何以复现他人情绪

人本聪敏，近奸则邪；犬随良主，久亦通情。

——阿拉伯谚语

有意识的认知过程

早期对情绪传递过程的研究重在解释人们体察他人之所感的复杂认知过程，并提出有意识的推理、分析和想象等概念来解释这一传递过程。例如，18 世纪的经济学家和哲学家亚当·斯密（Adam Smith，1759/1976）认为：

当兄弟手足备受煎熬时……通过想象，自己也可设身处地感受到同样的煎熬，似乎与他感同身受、融为一体、成为一人，虽体会程度稍轻，但感受实质相同。(p. 9)

这种有意识的想象即可引发共享情绪体验（Humphrey, 1922; Lang, 1985）。

苏联生理心理学家亚历山大·鲁利亚（Alexander Romanovich Luria[①]）在《记忆大师的心灵》(1902/1987) 一书中曾描述了一位化名为"S"的对象。他具有极强的想象力，以至于只需通过想象能够产生情绪的事情，就足以改变情绪和生理反应（心率和体温）：

以下是他为我们提供的自己能改变脉搏的证据。休息时，其脉搏为 70 ~ 72[②]。片刻之后，即可加速到 80 ~ 96 并最终达到 100。我们同样见证了他逆向控制脉搏的过程：由快而慢恢复到原频率，并进一步降至 64 ~ 66。我们问他如何做到这点，他回答道：

"这有什么可奇怪的呢？我只是想见自己跟着刚启动的火车跑，我得追上最后一节车厢才行。这么一来我的心跳加快不就一点都不稀奇了吗？然后，我想见自己安安静静地躺在床上准备睡个好觉……想见自己打起瞌睡……呼吸就变得平稳，心跳变慢变匀……"

此外，他还为我们展示了另一个实验：……

我们先用皮温计测量他左右手的温度，显示两者完全相同。两分钟后，他说："好，开始吧！"再次测量手掌温度时发现，右手比原来高出 2 度。再过一分钟，在 S 宣布他已经准备好时测量其左手温度，发现比原来低了 1.5 度。

---

① 中文文献中常称为 A. P. 鲁利亚，系其俄文姓名（Александр Романович Лурия）的缩写。
② 单位为"每分钟"，下同。

这说明了什么呢？他如何通过意志力来控制体温？

"不，这可一点都不值得惊讶。我就是想见自己把手放在滚烫的火炉上。……哦，这可太烫了！就这样，[右]手掌的温度自然而然就上升了。但我想见自己的左手却握着一个冰块，并用力挤它。这样，我的[左]手自然就变冷了。"（pp. 139-141）

当然，有意识的反刍能产生类似传染的效果，但这并非传染本身。若某个实验主试要求两个被试"想象自己生命中最悲伤的时刻"，其思绪可让两人同感悲伤，但并不能让两人感受对方之所感。两人体验到同一种情绪，与两人体验到他人之情绪，仍有天壤之别。劳伦·维斯佩（Lauren Wispé, 1991）对此举例道：

妻子与情人看到所爱男子的尸身，都会感到悲伤。两人均可猜知对方的感受，但此种悲伤各自源于她们与死者的特定关系。每人都只体验到自身的情绪。这并非共悯之情，因为这种情感并未得到共享；相反，这只是一种常见的社会性情绪体验。（p. 77）

为此，理论家强调了用于解释情绪传递的一种机制，即有意识的信息处理过程：个体通过想象自身处于他人位置之时会作何感受，从而共享其情感（Bandura, 1969; Stotland, 1969）。这一机制尤其适用于个体与所爱、所喜或认定其与自己共享同一目标的对象的情绪传染过程。

条件情绪反应和无条件情绪反应

有研究者提出情绪传染源自更原始的联想过程，即源自条件情绪反应和无条件情绪反应。例如，贾斯汀·阿伦弗里德（Justin Aronfreed, 1970）曾指出，如果父亲下班回家时，又累又热又烦，并习惯于责骂儿子，那么很快，只要看到满身疲惫的父亲，孩子就会立马紧张起来。

通过这种刺激的概化过程，只要**他人**变得焦躁，孩子就会感到不安。

情绪动作施发者的行为也可能造成旁观者的**无条件**情绪反应。比如，有人紧张时，其歇斯底里的声音就如粉笔划过黑板那样刺耳，令人心神不宁。正如克林纳特及其同事（Klinnert et al., 1983）所观察到的：

> 唐突生硬的举动，尖锐刺耳的声音，喧闹激烈的言语和动作……都会引起情绪反应。（p. 79）

10　尽管可能有人已意识到条件或无条件情绪刺激及其效应的存在，但其他人可能仍对这些诱发刺激置若罔闻；而且，所有人可能都无从抵抗这一过程所释放的情绪力量。

条件情绪反应与无条件情绪反应也会同时起作用。比如，偶尔看见的面部表情和姿势，可能与之前看过或听过的唐突举动、尖锐声音或其他剧烈的言语动作相联系，从而唤起观察者的类似情绪。

人们的条件情绪反应或无条件情绪反应可能相同，也可能不同。例如，当看到醉酒暴躁的父亲时，孩子可能感到愤怒（原始情绪传染），也可能感到害怕（负向或互补型情绪传染），还可能产生一种泛化的恐惧感——觉得哪儿都不对劲（在这种情况下，父子均感受到负向的情绪，但**并非**互补的情绪）。

模仿 / 反馈

情绪传染的第四种机制涉及模仿与反馈，但这一机制作为原始情绪传染的决定力量却较少得到关注。本章稍后将做更多介绍。这可能是情绪传染得以发生的通用心理机制，其要旨可概述如下：

命题1：人们交谈时，往往持续自动模仿他人的面部表情、声音、姿势和其他工具性行为，并使自身动作与他人保持同步。

命题 2：主观情绪体验时刻受到如上模仿过程的激活及/或反馈的
影响。

理论上，个体情绪可在如下任一过程中受到影响：

1. 引导模仿 / 同步的中枢神经系统指令。
2. 源于面部表情、声音、姿势模仿 / 同步的传入性反馈。
3. 有意识的自我感知过程，即个体会根据其外在行为推断自身的
情绪状态（Adelmann & Zajonc, 1989; Izard, 1971; Laird, 1984; *11*
Tomkins, 1963）。

命题 3：结合命题 1 和 2，人们每时每刻皆可复现他人情绪。

总之，学界已提出多种情绪传染机制，其中有些用于解释个体间
情绪的自动传递过程，这包括条件和无条件情绪反应、互动性的模仿
与同步。条件与无条件情绪反应可相对直接地促进情绪传染，但人们
的互动性模仿与同步引发原始情绪传染的证据到底有哪些呢？在检视
命题 1 ~ 3 的证据之前，让我们首先回顾关于情绪本质的若干事实。

❈ 情绪之本质

人之本能胜于言辞。

——查尔斯·珀西·斯诺

个体不一定能觉知情绪信息处理过程

意识与觉知的概念语义有些含糊。多数观察者会说一个人注意
到某个刺激——无论是否能够清楚地记住曾暴露于该刺激——并觉
知到该刺激，尽管他可能并未意识到这种暴露的心理后果（Nisbett &

Wilson, 1977；人们常对他人产生强烈的情绪反应，却难以言明**原因**）。另一相反的情形是，当一个人没有注意到某一刺激且它对自己的认知、情绪和行为都没有影响时，多数观察者就会说人们并未觉知到该刺激。但那些处于中间状态的刺激——确已在认知、情绪或行为层面对人们产生影响，但又未被报告的刺激——则经常陷于论战之中（如Lazarus, 1984; Zajonc, 1984）；然而，正是这些未被觉察到的刺激因其影响行为的微妙方式而值得探究。人们天生只能觉察到无时不在的信息处理过程的极小部分内容（Wilson, 1985）——通常而言是那些最重要、最不寻常或最困难的部分。正如拉赫曼等（Lachman, Lachman, & Butterfield, 1979）所观察到的：

12

> 我们的多数行为是在无意识中进行的。……意识到自己正在思考其实是例外而非常态；以思维的定义而论，有意识的思考是思维的唯一形式。现实却非如此，这只是一种例外。（p. 207）

同样，情绪信息的处理也多发生于觉知之外（Ohman, 1988; Posner & Synder, 1975; Shiffrin & Schneider, 1977）。

凭主观体验，信息处理似以串行方式进行。但人脑显然具备平行加工功能（Gazzaniga, 1985; Le Doux, 1986; Ohman, 1988; Papez, 1937）。例如，在与他人进行理性对话的同时，我们仍会持续注意谈话对象的情绪反应。我们会无意识地、自动地扫视她的脸庞，观察她的实时情绪。她是高兴、喜欢、愤怒、悲伤还是害怕？我们会观察一系列微妙线索（如面部肌肉活动、"微表情"、虚假的表情、反应的快慢），以判断他人是否说谎（Ekman, 1985）。我们甚至还能够通过观察面部肌肉活动判断她的心情，尽管这些活动细微到**似乎**只有通过肌电图（EMG）方能检测出来（Cacioppo & Petty, 1983）。

人们还会注意到其他情绪信息。我们会倾听别人说话的音量、节奏、语速、声调、连贯性、遣词造句等，从而听出弦外之音。我们还会观察别人的站姿、体态、手脚摆动，以及其他工具性行为。经过日积月累，此种观察就会进入自动运行的状态——信息处理过程迅速，极少消耗认知资源，也极少进入觉知范畴。

柯南·道尔（Conan Doyle, 1917/1967）曾借虚构的大侦探福尔摩斯之口，详尽道出多数常人觉知之外的推理过程：

看到福尔摩斯正全神投入而顾不上说话，我便把那枯燥无味的报纸扔到一旁，靠着椅背陷入沉思。忽然，福尔摩斯的说话声打断了我的思绪。

"你是对的，华生。"福尔摩斯说道，"用这种方法解决争端，最荒谬不过了。"

"最荒谬不过了！"我惊叹道。心里猛的一惊，他怎么能觉察出我内心深处的想法呢？我坐直了身子，呆呆地望着他。

"这是怎么回事，福尔摩斯？"我喊道，"这实在太出乎我意料了。"

看到我这种茫然不解的神情，他不禁大笑起来。

"记不记得，"他说道，"我曾给你读过爱伦·坡写的一个故事，里面讲到一个细致的推理者竟能察觉他的同伴未讲出来的想法。你当时只认为不过是作者虚构的神技。当我说自己也常这样做时，你却表示怀疑。"

"我没有说啊！"

"也许你是没有说出口，亲爱的华生，但你眉宇间的神情已经告诉我答案。因此，当看见你把报纸扔下而陷入沉思，我心中便暗自窃喜：终于有机会研究你的思想了。最后我决定打断你的思绪，以便证明我可与你心会意通。"

可是我对他的解释依然不满足。"在你给我读的故事中，"我说道，"那个推理者是根据观察那个人的动作得出结论的。要是我没记错的话，那人先被石头绊倒，又抬头看了看星星，还有一些别的动作。可是我只是静静地坐在椅子上，能给你提供什么线索呢？"

"这你就错了。五官之功能正在于表达情感，而你的五官更是如此。"

"难道是说，你从五官神态就已看穿我的想法？"

"对，尤其是你的眼睛。你是不是已经记不得自己是怎样陷入沉思的？"

"对，我记不得了。"

"那就让我来告诉你。你一扔下报纸，就已引起我对你的注意。之后，你又呆呆地坐那儿有半分钟。后来，你开始凝视那幅新配上相框的戈登将军[①]画像。从你面部表情的改变，就看出你已经开始想事。这还不够。接着你的目光又转向书架上那幅没配相框的亨利·沃德·比彻画像。然后，你又朝上看了看墙，这个想法就很明显了。你是在想，要是这幅画像也配上相框，那就正好可以挂在这墙上的空处，从而和那幅戈登像并排。"

"你分析得可真精准！"

"我至今还没怎么失手过呢。接着，你的思绪又回到比彻的身上——你全神贯注地凝视着他的画像，似乎正在从容貌琢磨他的性格。后来你不再皱眉头，可是继续凝视，脸上现出沉思的样子，可见你正在回想比彻的职业生涯。我确信你这时不能不想到他在内战期间代表北方所担当的使命，因为我记得你曾经对那些乱民给予他的遭遇表示非常愤慨。你对这件事的感受非常强烈，因此，我知道你想到比彻时就不可能不想到这些。过了一会儿，我看到你的视线从画像上移开，我觉得你的思绪又转到美国内战上去了。你嘴唇紧闭、双目圆睁、两手紧握，我确信你正在想双方殊死一战时的英勇

14

---

① 指约翰·布朗·戈登（John Brown Gordon，1832—1904），美国南北战争期间著名南方将领，战后曾任联邦参议员和佐治亚州州长。

气概。可是一会儿，你的脸色逐渐阴沉，又摇了摇头。这应当是你想起战争的残忍、可怕与无谓的丧命。此后，你一只手慢慢地移到自己的旧伤疤上，嘴边浮起一丝微笑。我便猜到，你当时在想，这样子解决国际问题着实荒谬可笑。在这一点上，我同意你的看法。我也很高兴知道，这一切推论都是正确的。"

"完全正确！"我说道，"尽管你现在已经解释清楚，我还是得承认我仍像之前那样感到万分惊讶。"

"这其实再明显不过了，我亲爱的华生，我向你保证。"（pp. 193-195）

由此观之，以下体察并不罕见：对于治疗师或其他人而言，尽管可能并未有意识地认识到来访者正经历喜怒哀乐，但他们总能以某种方式感知到他人情感并做出反应。时至今日，情绪研究者依然假定，我们只能觉知自身及他人情绪的极小一部分。

情绪集内含多种成分

费希尔等（Fischer et al., 1990）指出，情绪集（emotional package）通常包括有意识的评价、主观感受、行为倾向、表达、模式化的生理过程和工具性行为，其中没有任何一种单一成分（即便是有意识的觉知）是一段情绪的必要特征。例如，莱尔德和布雷斯勒（Laird & Bresler, 1991）观察到，虽然某些核心机制常相对地独立存在于一段情绪，但若其中某一成分被激活，其他成分也会被激活。比如，情绪幻想可能通过面部表情、声音和姿势、ANS 活动和／或工具性行为得以体现。另外，模拟情绪表达或行为时，我们也可**感受**到一种强烈的情绪（Bower, 1981; Dimberg, 1990）。

当然，各种成分之间有时并不同步，因为它们受不同的知觉和强化条件的控制，并存在不同的大脑加工机制。例如，热恋之人常未能意识到自身这种激情的力量：一个男人曾在治疗期间花整整一小时向我们（哈特菲尔德和拉普森）解释他已经决定与情人分手，他只关心妻子和家人，而对那个女人毫不在乎。这种桥段我们可是太熟悉了——这个痴心汉很可能会在等候室打电话给情人，要求"见最后一面"后断绝关系。我们同样确信，此夜他俩仍将共度春宵。人们可能以为自己正在结束一些事情，实际上却径直深陷其中。同样，在夫妻关系咨询中，一方可能坚信自己正在冷静、理性、客观地讨论问题，而她那无助的伴侣却非常清晰地感受到她的嘲笑、讽刺和刻意伤害。这种不同步可能严重干扰交流，导致误解和冲突的产生。

基本情绪传染的作用之一是使交流得以同步。下文将细析情绪传染的这种"同步功能"（见命题1）。

❖ 命题 1 的证据：模仿和同步

> 人若可自由选择，则常相互模仿。

> ——埃里克·霍弗

在社会互动的调节上，模仿（mimicry）和同步（synchrony）是基本且普遍的力量。若人们意识到这些影响普遍存在，他们就会感到诧异和有趣。有位同事告诉我，他曾观察到一种有意思的现象：就餐时如果有人伸手拿盐，同桌人也会伸手去拿水、拿盐或抽餐巾纸；当一个用餐者调整座位以使自己舒适时，几乎立刻会有人去模仿他的新姿势。

电影导演经常在电影中制造关于模仿的搞笑桥段。例如，在西班牙导演佩德罗·阿莫多瓦的电影《崩溃边缘的女人》中，卡门·莫拉（Carmen Maura）优雅地坐进一辆出租车，顷刻便已泪眼婆娑，而几秒钟后司机也哭成了泪人。在日本导演伊丹十三的电影《女税务官》中，一丝不苟的税务员板仓亮子恭敬地模仿着上司的每一个动作：他梳头，她也梳头；他望向窗外，她也探身前看；他向左转，她向右转。可能所有美国人都还记得马克斯兄弟在电影《赌马风波》中的表演，他们专心致志地玩牌，动作如此步调一致，格劳乔（Groucho）、哈勃（Harpo）和奇科（Chico）来回传递同一支香烟——一个人呼出的烟雾，恰好被下一个人吸入。

当然，人们无须意识到自己的行为正与他人同步——经常出现的行为很容易变得自然而然。然而，与周围人保持"合拍"、在情绪上和身体上与他人协调一致仍是至关重要的一种能力。造物之妙即在于，只有当同步缺失或中断而非存在时，它才能被人察觉。在打国际长途电话时，如果言语延迟一两秒，就会让人觉得不安，变得磕巴，不是答得太快就是答得太慢，从而变得愤怒和沮丧。

下文将进一步给出人们同步面部肌肉动作、声音和姿势的证据。

历史背景

早在 1759 年，斯密（Smith, 1759/1976）就指出：

> 当看到对准另一个人的腿或手臂的一击将要落下时，我们会本能地缩回自己的腿或手臂；当这一击真的落下时，我们也会在一定程度上感觉到它，并像受难者那样受到伤害。当观众凝视松弛的绳索上的舞蹈者时，随着舞蹈者扭动身体来平衡自己，他们也会不自觉地扭动自己的身体，因为他们感到若自己处在对方的境况下也必须这样做。性格脆弱和体质孱弱的人抱怨说，当看到街上的乞丐暴露在外的疮肿时，自己身上的相应部位也会产生一种瘙痒或不适之感。因为那种厌恶之情来自他们对自己可能受苦的想象，所以如果他们真的成为自己所看到的可怜人，并且在自己身体的特定部位受

17

到同样痛苦的影响的话，那么，他们对那些可怜人的病痛抱有的厌恶之情就会在自身特定的部位产生比其他任何部位更为强烈的影响。这种想象力足以在他们娇弱的躯体中产生其所抱怨的那种瘙痒和不适之感。（p. 10）①

斯密认为，这种模仿几乎是"一种反射"。西奥多·利普斯（Theodor Lipps, 1903）提出：

18　　　实际上只可能有一种解释：对他人生活表达的理解，一方面是基于模仿的本能冲动（或动力），另一方面是基于以某种方式表达自己内心体验的本能冲动。

　　　这意味着：我看到一个姿势，就会自动调整相应的面部表情以对应这个动作。这一过程只能解释为本能使然，别无他法。这些动作亦是内心状态（如悲伤）的自然流露。这种内心状态和不确定的动作冲动构成了统一的心理状态。因此，陌生的姿势对应着同样陌生的面部表情，与其内在体验非常吻合。当我体验到外部状况与我的本性相悖时，我也能体会到这一点。（pp. 193-194）

依利普斯所言，观察者会自动通过姿势和面部表情的微小动作模仿他人，从而产生内在线索，通过传入性反馈理解和体验他人情感。巴韦拉斯等（Bavelas et al., 1987）将斯密和利普斯的观察结果用现代术语进行了阐释：

　　　这是基本的动作模仿，观察者通过适应或模仿他人而非自身的情境采取外在行动。观察者仿佛置身他位，因其痛苦而皱眉，因其喜悦而微笑，或（如斯密所言）试图避开他人所遇之险。（p. 317）

自 18 世纪以来，已有大量证据表明，人们确实倾向于彼此模仿面部

---

① 此段译文引自蒋自强等所译《道德情操论》（商务印书馆，2017）。

表情、姿势、声音和行为。

面部表情模仿

已有大量证据表明，人们易于模仿周围人面部的情绪反应。乌尔夫·迪姆伯格（Ulf Dimberg, 1982）、沃恩和兰泽塔（Vaughan & Lanzetta, 1980），以及保罗·埃克曼（Paul Ekman；引自 Schmeck, 1983）的研究表明，人们普遍会模仿周围人的表情，社会心理生理学和外在面部表情的研究都证实了这一点。下文将呈现一些经典研究。　　19

社会心理生理学研究

面部表情模仿常发生于瞬息之间：人们似能追踪最细微的瞬间变化。哈格德和艾萨克斯（Haggard & Isaacs, 1966）观察到，情绪体验和相应的面部表情可以惊人的速度发生变化。例如，他们发现独特的面部表情稍纵即逝，仅能维持 125 ~ 200 毫秒：

> 患者的面部表情有时在 3 ~ 5 帧影音时长内发生巨大变化（比如从微笑到面容扭曲再到微笑），这仅相当于 1/8 ~ 1/5 秒的时间。（p. 154）

通过 EMG 程序测量被试的情绪体验和面部表情，社会心理生理学研究者发现，被试至少能模仿出其所观察的他人情绪表达变化的初级特征；此外，由于这种动作模仿过于微小，以至于常观察不到面部表情（例见 Cacioppo, Tassinary, & Fridlund, 1990）。迪姆伯格（Dimberg, 1982）给瑞典乌普萨拉大学的大学生展示了标有快乐和愤怒面部表情的图片，然后测量了他们的 EMG 活动。他发现，快乐和愤怒的面部表情引发了不同的 EMG 反应模式：在观察快乐面部表情时，被试的颧大肌（颊肌）区域的肌肉活动增加；在观察愤怒面部表情时，皱眉肌（眉肌）区域的肌肉活动增加。被试对快乐和愤怒的面孔也表现出定向反应：心率减慢，皮肤电导水平降低。沃恩和兰泽塔（Vaughan & Lanzetta, 1980），以及福格尔迈尔和哈克伦（Voglmaier & Hakeren, 1989）的研究也得到了类似结果。

对他人面部表情的 ANS 反应

迪姆伯格（Dimberg, 1990）指出，灵长类动物天生就会对情绪面孔产生强烈的 ANS 反应。他（Dimberg, 1982）发现，快乐和愤怒的面部表情都会引发 ANS 反应（通过皮肤电反应和心率衡量）。吉恩·萨基特（Gene Sackett, 1966）曾对隔离饲养的幼猴进行研究，结果发现这些猴子在第一次接触到成年猴子的愤怒面孔图片时，也会变得极度烦躁。萨基特由此得出结论，愤怒的面部表情触发了猴子对于恐惧的"先天释放机制"；因为这些隔离饲养的幼猴从未见过其他猴子，所以这种反应不可能是后天习得的。

进化论者认为，悲伤、恐惧和愤怒的面孔会引发强烈且难以消除的情绪反应（相关综述见 Wispé, 1991）。研究发现（Lanzetta & Orr, 1980, 1981, 1986; Ohman & Dimberg, 1978; Orr & Lanzetta, 1980, 1984），人们很难学会将快乐的面孔与痛苦的经历相关联，却很容易学会将愤怒的面孔与之关联。要消除这种"自然"联系也很难：在这些实验中，主试首先通过经典条件反射，让被试将中性线索（音调）与电击产生联系。在后续的系列试验中，他们将快乐、中性或愤怒的男女面孔与条件刺激（音调）配对，但不给予被试电击。那么，被试在消退试验中需要多长时间才能不再对看到的快乐或愤怒面孔产生 ANS 反应呢？不出所料，与观看愤怒面孔（加音调）的被试相比，观看快乐面孔（加音调）的被试的皮肤电反应更小。此外，观看快乐面孔的被试的 ANS 反应很快就会消退，而观看愤怒面孔的被试对消退的抵抗力要强得多。事实上，兰泽塔和奥尔（Lanzetta & Orr, 1986）发现，尽管主试已停止电击并确保被试不会再受到电击，后者对愤怒面孔的自主反应的消退依然较慢。虽然被试的**头脑**已清楚无须再担心电击，但他们的身体对这一信息的接收却很缓慢。

面部表情研究

研究发现，婴儿在出生后不久就开始模仿他人的面部表情。婴儿很快即可模仿实验者，做出伸出舌头、嘟起嘴唇、张开嘴巴等动作（见 Meltzoff, 1988; Meltzoff & Moore, 1977; Reissland, 1988）。哈维兰和莱尔威卡（Haviland & Lelwica, 1987）还发现，10 周大的婴儿至少可以模仿母亲的喜怒等基本面部表情。母亲也会模仿婴儿的情绪表达：婴儿张嘴时，母亲也会张嘴，且这种反应可能母亲完全没有意识到（O'Toole & Dubin, 1968）。另有研究发现（Termine & Izard, 1988），当母亲表露喜悦或悲伤的表情或声音时，9 个月大的婴儿就会模仿，并表现得比母亲更喜悦或更悲伤。婴儿还会避免注视他人的悲伤表情。

还有研究表明，个体的面部表情可镜映陌生人的面部表情。赫希等（Hsee et al., 1990）曾秘密录下夏威夷大学学生观看一段时长 3 分钟的采访录像时的表情。录像里，有位男性回忆了他生命中最快乐或最悲伤的时段。在快乐片段中，他讲述了朋友为他举办的惊喜生日派对，他的面部表情、声音和手势都传达出快乐的情绪；在悲伤片段中，他描述了 6 岁时在祖父葬礼上的凄惨经历，此时他的面部表情、声音和手势都传达出悲伤的情绪。被试在观看每段访谈时（最终两段都看了），他们的面部表情都被悄悄地录制下来以供后期分析，并由评委对被试脸上呈现的快乐或悲伤程度进行评分。正如研究者预测的那样，被试观看快乐片段时会露出更为快乐的面部表情，观看悲伤片段时会露出更为悲伤的面部表情。另外，哈罗德·瓦尔博特（Harold Wallbott, 1991）证实，被试会模仿悲伤、恐惧、愤怒、惊讶、厌恶、快乐和蔑视等原始面部表情；有趣的是，他还报告了可模仿混合情绪

21

的证据。

罗伯特·普罗文（Robert Provine, 1986, p. 110）进行过一项有趣的面部表情模仿研究。他指出，打哈欠也会传染——"人们看到或者想到别人打哈欠时，也会跟着或想要打哈欠"（当你读到这儿时，可能也想打哈欠）。普罗文（Provine, 1989）发现有明确的证据表明，个体从婴儿期开始就会在看到别人打哈欠自己也想打哈欠。

　　笑，则世界与你同笑……

　　　　　　　　　　　　　　　　——埃拉·惠勒·威尔科克斯

在其他研究中，普罗文（Provine, 1992; Provine & Fischer, 1989）发现，笑声同样具有传染性——这正是电台要给乏味的喜剧节目加入欢笑背景声的原因之一。在托马斯·曼（Thomas Mann, 1965）的小说《魂断威尼斯》中，年迈的作家古斯塔夫·阿申巴赫一直郁郁寡欢。但他在瘟疫肆虐的城市里观看喜剧团表演时，仍情不自禁地被喜剧演员毫无欢乐可言的笑声感染。

> 与观众重新保持职业距离后，他［喜剧演员］又恢复了胆量，并朝露台发出嘲弄的假笑。甚至在诗歌部分结束之前，他似乎还在与一种无法抗拒的瘙痒感做斗争。他咽了口气，颤抖着声音，用手捂住嘴，肩膀扭曲，在适当的时候爆发出难以抑制的咯咯笑。这笑声感染了观众，露台上也响起了无端的欢笑声。这让演员更兴奋，他弯腰屈膝，拍打大腿，几乎要笑翻在台上。随后他不再大笑，而是尖叫起来。他用手指着上方，仿佛那里的笑客们才是世界上最滑稽的人。最后，花园和走廊上的每个人，甚至包括门口的服务员、门童和仆人都笑了起来。（pp. 92–93）

巴韦拉斯等（Bavelaset al., 1987）调查了动作模仿现象，发现人们会在各种情境下模仿他人的痛苦、大笑、微笑、喜爱、尴尬、不适、厌恶、口吃、伸懒腰等动作。他们认为，模仿即交流，能迅速准确地向他人传达非言语信息。

有研究者认为，人特别容易模仿自己关心之人的面部表情（Scheflen, 1946）。多克托罗（E. L. Doctorow, 1985）在《世界博览会》一书中描述了小男孩埃德加的经历——他因无法抗拒模仿自己非常崇拜的哥哥唐纳德的表情而备受煎熬：

> 事实上，爱就是一切。无论多么痛苦，就像酷热、严寒或风暴都是天气的本质一样，生活中每天的风潮——尖叫、要求和分歧——都是爱的本质。 *23*
>
> ……但是，我开始有些依赖哥哥，因为父母那种粗暴的生活方式让我无法依赖他们。唐纳德是坚定的，他才像个完整而不是分裂的人那样认真地生活着。他是我可以够得到的人。他教我玩牌，简单的像《打战》《钓鱼》，难的如《赌场》。我们在地上玩游戏，这让我感到很舒服。他牵着我的手去糖果店。父母晚上外出时，他就在家里陪我。看到唐纳德做作业的场景，我感受到生活有了明确的目标，并向着美好的未来前进。
>
> ……当然，我们之间也有问题。一旦他自己的朋友来了，他就不愿意让我和他们在一起；虽然我理解这一点，但我还是会抱怨并缠着他。我的原则是，我就要缠着唐纳德和他的朋友不放。当然，他们对此也不是没有办法。他们知道我的弱点。比如，如果身边有人哭，我也会跟着哭。的确，我像得了传染病一样被哭声传染，无法自抑，就像一个行走的情绪拖把。唐纳德用装哭来摆脱我，他已经把这伎俩运用得炉火纯青，只需要威胁我他要哭了，用胳膊遮住眼睛，发出啜泣声，然后从胳膊下偷偷看。这时我就已咬着嘴唇，眼眶湿润，准备无缘无故地大哭，甚至不知道问题出在哪里，只是

感到无法忍受这痛苦。我背负着这种可怕的困扰，就像我在威克斯大道的朋友赫伯特患有斜视一样，或者像公园里玩耍的一个小男孩患有内翻足一样。除了希望长大后能摆脱这种可怕的眼泪，别无他法。这先是让我喉咙难受，继而影响我的视力，让我不得不闭上眼睛。这其实是对世间苦难生活的胆怯或悲鸣。有时，哥哥会和朋友伯尼、西摩和欧文一起上阵假哭，弄得我痛哭流涕。尽管知道他们在戏弄我，或在停止戏弄后哈哈大笑，我仍会情不自禁地抽泣，仿佛真的遭到实质性的伤害，就像手指受伤或被划了一道口子，或是失去了什么珍贵的东西。当然，哭后要花很长时间才能平静下来。甚至在忙完自己的事情后，我还会持续呜咽好几分钟。（pp. 78-80）

24

　　重要的是，个人在互动时的情感和目标会对情绪传染的形式产生强大影响。如果不喜欢某人，那么一看到他的脸，强烈的反感就会抑制我们模仿其面部表情。情绪刺激很可能会唤起认知评价、强烈的情绪和条件情绪反应，这与人通常可能会模仿的情绪反应并不一致。例如，如果吉米·康纳斯和约翰·麦肯罗正在温网对战，我们很可能期望麦肯罗看到康纳斯每次失误都会感到高兴。每当康纳斯击球失误，麦肯罗可能会面露喜色，反之则会皱眉不满。即便是这种场合，旗鼓相当的两位对手之间似乎也有着一种共性和情绪的黏合，使其动作完全同步。与此类似，英格利斯（Englis, Vaughan, & Lanzetta, 1981）在实验室中发现，正在进行零和博弈的个体会对对方的面部表情呈现反向反应。有趣的是，如果个体在竞争游戏中命运相同——要么都赢，要么都输——那么彼此都会对对方的面部表情表现出共情反应。尽管在零和博弈中很容易产生反向传染现象，但这些研究者注意到，与结果相同的两名参赛者相比，零和博弈中被试的面部反应反而没有那么强烈。

　　我总是对电视上向我微笑的人回以微笑；我太急于取悦他

人……在意大利，人们并不刻意讨好，而是自然地感到高兴，因此也讨人喜欢。我不想回家。想一下，对美国小姐的微笑回以微笑是什么感觉。

——芭芭拉·哈里斯

在另一系列研究中，麦克雨果等（McHugo et al., 1985）发现，美国总统里根在任期间，共和党人和民主党人对他在电视新闻上表达的快乐/安心、愤怒/威胁或恐惧/回避（见图1.1）情绪有着截然不同的情绪反应。支持者（共和党人）的喜怒与里根同出一孔，反对者（民主党人）对里根**所有**的情绪表现都持负面反应。然而，观察观众的自主反应可发现，即使是最为敌对的反对者也无法抵挡总统的"魔力"：无论是支持者还是反对者，都会模仿里根的面部表情；对其皮肤电阻水平的分析显示，无论他们对里根的态度如何，当里根表现出快乐/安心时他们最为放松，当里根表现出愤怒/威胁时他们最为紧张。要是能检验一下魅力不如里根的总统是否也具有同样向观众传递情绪的能力，应该会很有意思。

26

图1.1 在电视新闻发布会上表现出快乐/安心、愤怒/威胁的里根

声音模仿/同步

马来西亚［有］一种萤火虫，开始时的闪烁毫无规律，后面逐渐同步，最后所有萤火虫都以同样的节奏闪烁。

——埃利奥特·查普尔（Eliot Chapple）

大量证据表明，人们会模仿和同步他人的口头禅。传播学研究者一直认为，交流就像音乐、舞蹈或网球一样有节奏。

正常情况下，个体的言语和动作是相互协调的

我们曾看到英国导演乔纳森·米勒（Jonathan Miller）指导女歌唱家苏珊·布洛克（Susan Bullock）饰演歌剧《茶花女》中的维奥莱塔一角。维奥莱塔即将咽气，导演设想她应拖着病体，勉力起身向鲁道夫道别。但布洛克一直做不对，她总是一跃即起，充满活力，看起来更像个健壮的挤奶工，而不是垂死的歌妓。我们发现布洛克之所以难以"做到"，是因为她被要求做出不同步的行为——一边放声**歌唱**，让歌声直冲云霄，一边**装出**一副行将就木的样子。不信你可以自己试试，这真的很难做到。

许多研究者认为，自我协调可能是天生的。保罗·拜尔斯（Paul Byers, 1976）预测，神经系统本身有其基本律动。埃利奥特·查普尔（Eliot Chapple, 1982）也指出，人类的生物过程遵循自然节奏，且贯穿于每个层次：从 DNA 和 RNA 代谢的微弱节奏，到中枢神经系统和 ANS 活动的明显节奏，再到昼夜节律，以及更高层次的节奏。就本书主旨而言，重要的是他还认为人类的言语和互动节奏与这些生物节奏同步。因此，不同的人在不同时刻会喜欢不同的互动节奏，在其他时刻或环境中则需要符合其他互动节奏才会觉得自在。

如果伴侣希望沟通顺畅，他们的言语节奏就得对上点

发展研究。威廉·康登（William Condon, 1982）认为，这种同步很早就开始出现：

　　我认为婴儿从出生的那一刻起，甚至在子宫里，就已经开始接
受其文化的节奏、结构和声音的风格、韵律，使这些节奏深植其
心。婴儿咿呀学语（无论是法语还是汉语）之时，主导性节奏已经
在其神经系统中形成。他们一开口说话，就会将语言系统中的词汇
融入这些节奏。（pp. 66-67）

研究者推测，婴儿一听到母亲以某种模式说话，就会模仿母亲的呼
吸、心跳和运动节奏等。因此，婴儿的节奏在早期就与母亲协调
一致。

　　确实有证据表明，新生儿能模仿声音。例如，马文·西姆纳
（Marvin Simner, 1971）发现，2～4 天大的新生儿在听到另一个新生
儿的哭声时也会哭。这些新生儿似乎是对其他婴儿的情绪困扰而不
是噪声本身做出反应；也就是说，当听到合成的哭声时，他们并不
会哭。

　　研究者观察到，说话者的声音和动作会"驱动"新生儿做出**同步**
反应。例如，康登和桑德（Condon & Sander, 1974）发现，1～2 天大
的新生儿就会用头部、肘部、肩部、臀部和足部的动作与美国和中国
成年人的言语同步。康登和奥格斯顿（Condon & Ogston, 1967）甚至
证明，人类与黑猩猩之间也存在这种同步现象！他们认为，人们不可
能刻意产生这种跨模态同步，它"只是自然而然发生的"。与此观点
一致，有证据表明，这些动作是由锥体外系统传导的。

　　成人研究。查普尔（Chapple, 1982）认为，社会系统往往以特
定节奏得到组织。大量关于传播系统的研究表明确实如此：人们能
够迅速模仿／同步他人的言语，并融合多种言语特征。例如，康登
（Condon, 1982, p. 70）指出，人们能在 1/20 秒内模仿和同步他人的言
语表达，而要"让人们在 50 毫秒内匹配自己的行为，需要某种未知
的机制"。

28

人们可以同时模仿大量特征。控制性访谈研究表明，口音（Giles & Powesland, 1975）、语速（Street, 1984; Webb, 1972）、声音强度（Natale, 1975）、基本声音频率（Buder, 1991）、响应时长（Matarazzo & Wiens, 1972; Cappella & Planalp, 1981）、话语持续时间（Matarazzo et al., 1963）、对话转换持续时间（Matarazzo & Wiens, 1972）和停顿（Feldstein & Welkowitz, 1978）等内容都会相互影响。

其他不受控条件下的证据也有很多。例如，在结构紧凑的求职面试、总统新闻发布会、宇航员与地面通信以及幼儿对话中，都发现了这种匹配现象（Cappella, 1981）。比如，卡佩拉和普拉纳尔普（Cappella & Planalp, 1981）研究了 12 组二人对话，每组持续 20 分钟。他们发现，随着时间的推移，谈话双方之间的对话节奏开始逐渐吻合；在大多数对话中，双方的说话量是近似的（在极少数对话中会出现互补现象，比如有些人会刻意多说话以弥补同伴的缄默，有些人则在面对健谈的对象时变得沉默寡言）。双方还会在持续时间、平均停顿时长、对话转换间隔、重叠说话时长和打破沉默的概率等方面配合彼此的节奏。两位作者这样写道：

> 如果对话转换的间隔较短，可能是其中一人刻意模仿同伴，显得两人有同样的兴趣或参与感；如果间隔较长，可能是一方对该话题不感兴趣、感到疏远或显得深思熟虑，并同样得到另一方的模仿。（p. 127）

这一领域的综述可参见卡佩拉（Cappella, 1991; Cappella & Flagg, 1992）的论文。

融洽关系和声音模仿 / 同步

大量研究发现，如果夫妻之间的对话节奏具有可预测性、节奏性和紧密协调性，互动就会更有吸引力和令人舒适（Cappella & Flagg,

1992; Warner, 1990; Warner, Waggener, & Kronauer, 1983）。

当然，并非所有人都喜欢过于刻板的关系。有研究者（Crown, 1991[①]）发现，与亲密伴侣不同，陌生人更遵循"有来有回"的传统对话模式（在亲密关系中，每一方都会在特定的对话中主导发言，且双方对此并不反感）。

有理论家指出，这是因为陌生人可能会有意地克制自己，不做针锋相对的回应，以免相互伤害。一旦预料到互动将变得冷淡和令人生厌，人们往往会表现得热情愉悦，装出微笑以免事态变糟（Ickes et al., 1982）。在被迫与陌生人或与态度迥于自己的人互动时，人们会努力控制自己的声音和身体，以免露出反感之情（Cappella & Palmer, 1990）。

约翰·戈特曼（John Gottman, 1979）在分析夫妻对话模式时指出，良好的夫妻关系要求双方善于克制，不带着愤怒的情绪去交流。当一方变得心烦意乱并开始指责时，另一方应予以关爱和理解的回应，说一些友善或有趣的话来扭转局面。不幸福的夫妻关系恰恰与此相反，他们陷于针锋相对的破坏性交流。他们的相处模式更为僵化，一方的怒火总会引发对方的怒火。莱文森和戈特曼（Levenson & Gottman, 1983）要求夫妻随意讨论当天发生的事件和婚姻问题，并测量他们的生理反应（包括心率、皮肤电导水平）。在"火热"的讨论中，相互满意的夫妻较少生气或心烦，也不会受对方愤怒情绪的影响；愤怒的交流则伴随着大量 ANS 激活（表现在心率、皮肤电导水平、脉搏传导时间和一般躯体活动等方面）。夫妻在进行针尖对麦芒式的激烈交流时，最可能表现出与 ANS 的紧密联系。在这种情况下，彼此不满的夫妻显示出最紧密的生理联系也就不足为奇了。因此，协

30

① Crown, C. L. (1991). Coordinated interpersonal timing of vision and voice as a function of interpersonal attraction. *Journal of Language and Social Psychology,* *10*(1), 29-46. 原文中年份为 in press。

调并不一定是越紧密越好。

可见，"协调良好的交流，让人感觉最舒服"这一结论有其限定条件。虽然大家都希望参与这样的互动，但有时也需要一点自发性或新奇感，或是面对愤怒时的耐心。

ANS 活动的协调

20 世纪 50 年代，研究人员进行了一系列研究，旨在说明治疗师和来访者在情绪和生理上存在关联。早期研究（DiMascio et al., 1955, p. 9）发现，治疗师和来访者的心率"经常一起变化，有时则反向变化"。后续研究（DiMascio, Boyd, & Greenblatt, 1957）发现，在治疗会谈过程中，治疗师和来访者的心率常会随着情绪的高涨或冷静而同时加快或减慢；只有在暂时处于"对立"关系时，他们的心率才会以相反的模式变化。

最近，吕夫和莱文森（Ruef & Levenson, 1992）试图将观察者与被观察者之间的共情、感知准确性和生理关联之间的联系理论化。他们指出，研究者并未就共情的定义达成一致：

31　　　"共情"这一术语至少涉及三种不同的特质：一是**了解**他人的感受……二是对他人**感同身受**……三是对他人的痛苦做出**同情的回应**。（p. 234）

吕夫和莱文森假设，共情的最基本成分是准确感知他人感受的能力，因为不先了解他人感受，就难共享他人感受或对其困境做出同情的回应。他们认为了解和感受是相辅相成的，并进行了一项有趣的实验以验证这一猜测。他们要求被试观看两对夫妇的 15 分钟对话录像，其中一对夫妇在讨论当天或过去三年的事件，另一对则在解决婚姻中的麻烦。被试使用"操纵杆"装置显示他们认为丈夫或妻子此刻的感受（被试只需关注其中一位）。在被试做出评定的同时，操纵杆上的电极会记录他们的生理反应，包括心率、皮肤电导、脉搏传导时间（及振幅）以及躯体活动。主试也对每对夫妇进行相应的测量，记录他们在 15 分钟对话中的感受及生理反应。那么，被试在判断夫妻感受上的准确度如何呢？不出所料，在此过程中，有些被试对夫妻的情绪判断完全准确（100%），有些则完全不准确（0%）。这些数据有助于研究者分析是哪些因素造成了被试在情绪感受准确性上的差异。研究者使用双变量时间序列分析来确定被试与其目标（录像中的丈夫或妻子）的生理反应的相关性，发现当被试与目标的生理反应紧密关联时，被试对目标**消极**情绪的评估最为准确，但在**积极**情绪的判断准确性上与这种生理关联不存在关系。［这一点当然不足为奇：夫妻一般会讨论婚姻中遇到的麻烦事而不是高兴事。研究者认为，积极情绪可能不会产生联系所需的 ANS 活动（p. 16），但经典研究和综述则发现，ANS 的激活与情绪的强度而非其效价相关（Dysinger, 1931; McCurdy, 1950）。］吕夫和莱文森（Ruef & Levenson, 1992, p. 14）得出结论认为，人们之所以能**了解**他人感受，是因为他们能以"微型缩影"（miniaturized form）的形式**感同身受**。

32

肌肉模仿

想象自己正在画画或吃冰激凌，若仔细留意就能发现这种想象伴有微小的肌肉运动。艾奥瓦大学社会心理生理学暑期项目近期对此进行了 次演示。研究者要求 名在约翰·卡乔波实验室做助手的本科生思考任意问题，同时测量他的面部 EMG、心率、呼吸频率和皮肤电导。一些受过培训的人则通过监视器观看他的表现，但他们看到的只是一张茫然、放松、面无表情的脸。另一些则通过八通道的测谎仪监测可能出现的显著变化。例如，有一次连接到学生眉皱肌的电极突然跳动了一下，受训者问："你在想什么？""与室友的一次争论。"他回答道。随后他的口周围肌出现了强烈的运动，干扰了其他所有仪器读数。几个人盯着着监视器想知道该学生在做什么，但未发现动作迹象。他们问："这是怎么回事？"他答："我刚想到了一次很棒的争论。"主试说："好了，停止争论，想象一下你正在听你室友说话。"当他这样做时，眉心部位的电极很活跃，而嘴唇周围的电极很平静（Hatfield & Rapson, 1990, p. 11）。

若仅凭想法和感觉就可产生相应的肌肉活动，那么只要仔细观察他人的体力活动，就可毫不意外地发现自己的肌肉也会"帮他们"完成这些动作。有证据表明，人们确实会模仿他人的肌肉活动。例如，伯杰和哈德利（Berger & Hadley, 1975）发现，观察者观看别人的活动时往往会"尝试"相同的活动，比如屈伸相同的肌肉群。他们邀请被试观看两段录像（一段录像是一名学生磕磕巴巴地读单词，另一段录像是两名男子在掰手腕），并在他们的额头、手掌、**嘴唇**和**手臂**上都放置了电极。如预期所料，被试在观看口吃录像时，嘴唇部位的 EMG 活动增强；在观看掰手腕录像时，右臂区域（从肘部到腕部）的 EMG 活动增强。与录像中的运动无关的 EMG 活动较弱。

姿势模仿 / 镜映

沃尔夫冈·科勒（Wolfgang Kohler, 1927）认为，灵长类动物也会思考并产生顿悟。图 1.2 是黑猩猩苏丹和格兰德的照片。其中苏丹在小心翼翼地看着格兰德吃力地够香蕉的同时，自己也伸出了手，就好像在帮忙。

人类也会本能地进行同样的姿势模仿。图 1.3 是戈登·奥尔波特（Gordon Allport, 1937/1961）拍摄的经典照片，照片中的观众正在爱尔兰公路保龄球锦标赛上"帮助"保龄球手推球前进。

早在几十年前，阿尔伯特·谢夫伦（Albert Scheflen, 1964）就指出，人们常常模仿他人姿势，而姿势互为"复现品"或互成"镜像"的人可能持有相同的观点。拉弗朗斯和伊克斯（La France & Ickes,

图 1.2　举起同情的左手"帮助格兰德"的苏丹

图 1.3　爱尔兰公路保龄球锦标赛（姿势模仿的一个例子）

1981）也指出：

> 有人认为，同时采取相同姿势的人可能是在向对方和其他人表示他们有着共同的心理立场。（p. 139）

拉弗朗斯（La France, 1982）通过观察师生的课上姿势检验了上述论点。在日常上课期间，她每 5 分钟记录一次双方手臂和躯干的位置（如果教师的左臂弯曲置于身前，学生的**左臂**也处于相同位置，则是**模仿**；如果学生的**右臂**处于相同位置，则是**镜映**；如果学生的手臂处于任何其他位置，那么既不是模仿也不是镜映）。随后，她要求学生评估课堂氛围的融洽程度。令人惊讶的是，更有凝聚力的班级更**不**可能模仿教师的手臂动作和姿势，**而是**呈现这些动作的**镜像**。巴韦拉斯等（Bavelas et al., 1988）通过一系列研究也得出了类似的结果。他们认为，人们在模仿他人姿势时试图传达自身的团结和参与感：

> 具体而言，通过对他人行为的真实模仿，动作模仿可以传达"我与你同在"或"我与你一样"的信息。观察者通过立即表现出与对方处境相适应的反应（比如因其痛苦而皱眉），准确而生动地传达了对对方处境的认识和参与。（p. 278）

那么当人们面对面时，哪种模仿最能传达团结？是**旋转对称**（比如每人都向右边倾斜，而在对方看来是朝反方向移动），还是**反射对称**（即镜映，比如一人向右倾斜，对方向左倾斜，这样双方都在朝同一方向移动）？巴韦拉斯等制作了几组这样的照片，并询问被试哪张照片能传达参与感和"团结"，结果被试一致选择了反射对称。然后，他们设计了一个巧妙的实验来验证这一假设：主试要给被试讲几个故事，被试则只需倾听。主试先讲了一个女子在救生课上差点溺水的故事。然后，她绘声绘色地讲述了在拥挤的圣诞派对的一次历险——一个高个大汉不断靠近用手肘撞击一个矮个女人的脑袋。在描述这一事件时，她向**右**躲闪以示如何避免挨打。巴韦拉斯等检视了被试的反应录像，看他们是向右躲闪（旋转对称）、向左躲闪（反射对称），还是保持不动。结果显示，在面对面情况下，被试几乎总是表现出反射对称：主试向右倾斜，被试也向左倾斜。

最后，西格曼和雷诺兹（Siegman & Reynolds, 1982）研究了访谈者的热情对受访者反应的影响。他们要求热情的访谈者在谈话时身体前倾，微笑和点头；要求拘谨的访谈者不要这样做。这种热情也得到受访者的回应：他们比拘谨组的受访者表现出更多的身体前倾、微笑和点头。热情的受访者还袒露了更多的隐私，并减少了谈话时的犹豫。

其他研究也证实融洽关系与姿势镜映有关（Charney, 1966; La France, 1979; La France & Broadbent, 1976; Trout & Rosenfeld, 1980），只有少数研究未发现这一关联。（例如，拉弗朗斯和伊克斯发现，"过多"镜映会让等候室里的陌生人感到很不自在，觉得谈话是被迫的，并感到尴尬和紧张。如果别人对自己的一举一动都进行镜映，参与者会觉得对方实在"太刻意"了，参见 La France & Ickes, 1981。）

动作协调

传播学研究者指出，人们的节奏和动作常与互动对象同步（Bernieri, 1988）。例如，亚当·肯顿（Adam Kendon, 1970）认为，说话者通常会与听众的动作保持一致：

> 我们在说话时会时刻关注听众的举动。如果他在听讲时还在敲手指、经常在椅子上晃来晃去、环顾四周或不恰当地点头，他或许就在传达他很无聊、注意力不集中、不专心或心事重重的印象。有时，这可能会让我们失去平衡，以至于说话结结巴巴。（p. 101）

康登和奥格斯顿（Condon & Ogston, 1966）认为，说话者的言

37

语和动作与听众的动作相互映照：

> 人类的表达似乎是言语和肢体动作与行为紧密相连，相互促进、相互呼应的过程。（p. 345）

为了验证上述观点，肯顿（Kendon, 1970）录下了伦敦一家酒吧内的顾客谈话，然后逐字逐帧展开分析。结论是：**说话者**的言辞通常与身体动作相协调。肯顿将这种动态协调描述为一组对比鲜明的动作波，其中大波中包含小波。说话者的言语与"大动作波"相协调：

> 随着他将胳膊放下，他的头可能向右转，身体可能前倾，眼睛向左看，嘴巴张开，眉毛上扬，手指弯曲，翘起脚尖，等等。（p. 103）

音节和次音节的变化与较小的动作波相协调。肯顿还发现，说话者的行为与听众的行为紧密协调。当说话者说话并移动时，听众也会跟着移动，他们的动作波是重合的。一个概括性的结论是：

> 当 B 移动时，其动作与 T 之动作和言语一致。从形式上看，B 之动作在一定程度上是 T 之动作的"镜像"：当 T 后仰在椅子上时，B 也靠后并抬头；B 向右挥右臂，T 也向左移左臂；B 向右摇头，T 也向左摇头。因此，可以说 B 正跟着 T 的舞步而起舞。（p. 110）

马克·戴维斯（Mark Davis, 1985）指出，人们可能无法**有意识**地有效模仿他人——这个过程过于复杂且迅速。例如，即使是出拳疾如闪电的"拳王"阿里，最少也需要先花 190 毫秒发现光亮，再花 40 毫秒挥拳回应。然而，康登和奥格斯顿（Condon & Ogston, 1966, p. 69）发现，大学生可在 21 毫秒内同步动作，这只是一帧影像时长（42 毫秒）的一半。戴维斯认为，这种微同步（microsynchrony）是由大脑的基底区调节的，要么行要么不行，而没法刻意"做到"这一点。在他看来，有意识的模仿只会显得做作。

融洽关系与动作协调

研究者推测，人们最有可能与喜欢之人的动作相协调。蒂克尔－德格内和罗森塔尔（Tickle-Degnen & Rosenthal, 1987）认为，融洽关系（rapport）与动作协调之间存在联系。肯顿（Kendon, 1970）则指出，同步表示自己对对方的兴趣和认可。弗兰克·贝尔涅里（Frank Bernieri, 1988）还指出：

> 高度融洽通常与和谐、流畅、"合拍"或"心有灵犀"等形容词联系在一起；不融洽通常与尴尬、"不同步"或"不协调"等词联系在一起。（p. 121）

若爱和关注能促进两人的动作同步，则母亲与自己的孩子互动会比与他人的孩子互动更易同步。同理，朋友之间应比敌人之间更能同步，恋人之间应比朋友之间更能同步。大量证据表明，事实确是如此。

母子互动。毕比等（Beebe et al., 1982）指出，母亲经常会有意识地改变互动节奏，以使婴儿保持最佳的注意力、兴奋度和积极情绪。当母婴同时玩有节奏的游戏（比如有节奏地拍自己或宝宝的手）时，婴儿会看向母亲——起初是面无表情，后来会越来越积极。当母亲停顿或动作不规律时，婴儿很快就会失去兴趣，不再微笑。特罗尼克等（Tronick, Als, & Brazelton, 1977）推测，若孩子想继续某一互动，他们可能会与父母保持同步；他们若想停止互动，就不会同步。

贝尔涅里等（Bernieri, Reznik, & Rosenthal, 1988）对亲子互动中的三种同步类型进行了测量：

1. **同时动作**。要求评分者判断母亲和孩子的动作是否同时开始或结束。例如，母亲是否在孩子把手臂抬离桌子时转头？如果是，则视为"同时动作"。

2. **相似节奏**。要求评分者对两人"步调一致"（p. 246）的程度进行评分。

3. **协调性和流畅度**。要求评分者按如下方式对母子互动进行评分："假设你现在观看的是一段舞蹈而不是社交互动，两人行为交织融合的流畅度如何？"（p. 246）

这些研究者发现，母子间的同步程度要高于母亲与他人孩子间的同步程度，且这种差异随母子互动时间的变长而增大。关于母子互动为何会异常同步，他们提出了三点原因：

1. 母亲更能与孩子保持最佳的兴趣和唤醒水平，毕竟她们更熟悉自己的孩子，且有血脉关联。

2. 母亲更关注和保护自己的孩子。

3. 母亲无疑更喜爱自己的孩子。

贝尔涅里等的研究尤有说服力，因为他们避开了困扰研究者的方法论难题：如何判断同步是只存在于评分者的主观认知中，还是确实发生于被试的行为中？为此，在前已提及的研究中，贝尔涅里等（Bernieri et al., 1988）把两部摄像机分别对准母亲和孩子。母亲始终是右脸对着摄像头。然后，他们用四种不同的方式对录像材料进行编辑。首先是"真实互动"组，研究者把母亲和孩子互动时的录像分屏显示，母亲在右、孩子在左，要求评分者对其动作的同步程度进行评分。其次，研究者伪造了三个"伪互动"组，同样采用分屏显示，并由不同的评分者分别对母子动作的同步程度进行评分：对于"错时互动"组，母亲的录像片段配的是孩子在另一时段与她互动的录像片段；对于"错人互动"组，母亲的录像片段配的是孩子与其他人互动的录像片段；对于"双错互动"组，母亲的录像片段配的是孩子在另一时段与其他人互动的录像片段。这样，研究者就能以真实互动组为基准，比较三种"伪互动"（但评分者自身误以为是真实互动）条件下的同步程度。他们发现，即使在这种严格控制的条件下，母亲与自己孩子的同步程度也高于她与他人孩子的同步程度。[①]

友好互动。贝尔涅里认为，"人们动作的协调程度决定了情感和谐的程度"（引自 Goleman, 1991, p. B7）。在一项研究中（Bernieri, 1988），他要求年轻情侣花 10 分钟教对方一组生词及定义并对此过程进行录像。分析后发现，那些动作最同步的情侣的感情也最融洽（其他研究也确证了类似结果，参见 Bernieri et al., 1991; Babad, Bernieri, & Rosenthal, 1989）。

专栏作家安迪·鲁尼（Andy Rooney, 1989）指出，在情感坦露的时刻，我们会不由自主地与某人（即使是所谓的敌人）变得亲近。在冷战最激烈的时候，弗拉基米尔·霍洛维茨在莫斯科举办的一场音乐会上演奏了莫扎特的钢琴奏鸣曲。鲁尼在电视上观看了这场音乐会，他这样描述自己的反应：

> 在音乐会的后半段，我看着这位 80 多岁的天才演奏，不觉泪眼蒙眬，而原因无法言表。我并不难过，而是备感欣慰。在那一刻，我因自身与这位伟大而可亲的钢琴家同属一个文明而深感自豪。
>
> 就在我的泪水将夺眶而出的那一瞬间，镜头从霍洛维茨的手指（在琴键上），转向观众席上一个苏联人的脸。他看起来不像敌人。他闭着眼睛，头微微后仰，脸庞朝上……一滴泪珠顺着他的脸颊流

---

① 评分者共 8 人，4 男 4 女；2 人为一组（男女各 1 人），随机分配至上述四组中进行评分。研究为单盲设计，评分者并不知道有些"互动视频"是伪造的（参见 Bernieri et al., 1988）。

了下来。

我的眼泪也这样流了下来。（p. 170）

恋爱关系。在《性信号：爱的生物学》一书中，蒂莫西·佩尔珀
（Timothy Perper, 1985）描述了典型的求爱顺序：

当两人还不熟悉时，求爱始于一人**接近**潜在的伴侣，例如火车
上一个男人走过去坐在某个女人旁边。更常见的情况是，女性主动
搭讪，例如在酒吧里走过去坐在男性旁边。被搭讪者有两种选择：
一是可稍转过身，看一眼、挪一下（比如腾出位置），或以其他方
式做出反应；二是可直接忽视前来搭讪的人。

……但如果被搭讪的人稍微转身或看了一眼——例如，男人转
身看着女人，或女人从报纸上抬头扫了一眼——那么，很有可能，
谈话就开始了，通常聊的是些平常的话题，如酒吧本身、旅行、火
车等。

在交谈过程中，两个人**转过身来**面对面。视情况不同，转身的
出现可能需要 10 分钟到两个多小时不等。转身通常是缓慢而渐进
的——首先是头，然后是肩膀和躯干，最后是整个身体。随着每次
转动和调整，亲近感也不断增加。如果一切顺利，这两人最终会面
对面，并在接下来的互动中保持这种姿势。

与此同时，另外两个过程也开始了。首先是**触碰**，亲近感也在
增加。……被触碰的人只有两种选择：一是积极回应，即向对方靠
近、微笑或完全转身，或者同样以触碰来回应对方；二是忽视对
方，这样互动通常就会停止。下面假定触碰已得到积极回应——也
许通过触碰来回应。

两人边谈边转身，触碰的频率越来越高。现在已经是一半或四
分之三转向对方，并相互注视，目光游移在脸、头发、眼睛、肩
膀、脖子和躯干上。随着情节的发展，他们会越来越频繁地注视对

42

方，直到几乎难以移开视线。……

第二个过程更为引人瞩目：他们的动作开始与对方同步。例如，他们同时向前倾、伸手拿饮料、举杯、喝一口、将杯子放回吧台或桌子上。或者，如果在火车上相邻而坐，右边的女人将右臂靠在扶手上，转头看着左边的男人，男人则将左臂靠在扶手上，转头看着右边的女人。他们之间仿佛隔着一面镜子。

虽然同步贯穿于始终，但少有人会自发地留意肢体动作和姿势 *43* 的同步。最初，这可能只是个短暂的（也许是偶然的）共同动作，随后是快速的不同步动作。……随着时间的推移，同步动作越来越多，尤其是在第一次触碰之后。最初只是手臂和头部的动作同步，随后会发展为更复杂的同步动作，比如一起喝水。后来，同步包括同时移动重心和摇摆；这时，两人的臀部、腿部和脚部动作都开始同步。这是完全或"全身"同步，涉及双方的所有动作。

全身同步非常显著。它流畅、连续且不断变化。……我之所以强调同步，是因为它是相互参与的最佳指标。

从触碰到同步的整个过程可能需要15分钟到3个多小时。一旦开始同步，人们似乎可以一直保持同步——直到酒吧打烊、吃完饭喝完酒必须离开、火车到达目的地，换句话说，直到外界事务介入并使互动停止。总之，亲近感循序渐进并相互促进。（pp. 77-79）

科学家普遍认为，恋人有时通过密切配合来传递感情：

也许没有比舞蹈更能表达爱情了。恋人或准恋人不仅有共同的节奏，而且会比一般的熟人做出更频繁、更持久的动作。不知不觉中，过一段时间，他们开始模仿对方的动作。她面对他，用右肘支撑，他则用左肘支撑。他们同时变换姿势，同时举杯，一饮而尽，不假思索地为这种亲密干杯。对于细心的观察者来说，这种动作节奏甚至可在恋人意识到发生什么之前，就揭示他俩已经一见钟情。

44 　　某个夜晚，一对一见钟情的情侣首先开始同步头部和手臂的动作。然后，更多的身体部位加入这个约会舞蹈，直到两人合二为一地舞蹈。……

　　镜像同步不仅限于求爱时期，朋友和已确立关系的情侣也有这种现象；但佩尔珀等人认为，这种细微的协调可能是亲密关系进一步发展的无意识前提。（Douglis, 1989, p. 6）

总之，我们常会模仿亲近之人的行为，也常认为能模仿自身行为的人更为亲近。然而，模仿与其他事情一样都有其限度，都需适可而止。神经学家奥利弗·萨克斯（Oliver Sacks, 1987）描绘了"超级图雷特综合征"（一种"身份狂热"）患者的行为，以及旁观者因此而产生的同样的狂热反应：

　　一位 60 多岁、白发苍苍的妇人吸引了我的目光。她像是引发骇人骚乱的源头，尽管一开始我并不清楚原因，不知道是什么令人如此不安。她是病了吗？为什么她会抽搐？通过怎样的共感或传染过程，被她露以龇牙咧嘴表情的行人也都开始抽搐？

　　走近她后，我才看清发生了什么。**她在模仿路人**——虽然"模仿"这个词显得有点苍白和被动。我们是否应该说，她在讽刺她所行经的每个人？在一秒钟之内，甚至是一瞬间，她就"模仿"了所有人。

　　我见过无数的哑剧和模仿秀、无数小丑和滑稽剧，但没有一次能与此刻所目睹的可怕奇观相比：她模仿着每一张脸、每一个身影，而这发生在一瞬间，几乎完全自动化，并以痉挛的镜像形态出现。这不仅仅是模仿，尽管这本身就非同寻常。她既模仿和借鉴了无数人的特征，又"超越"了这些特征。她的每一次模仿都是一种夸张、一种嘲弄、一种动作和表情的夸大，但这种夸大是一种有意为之的抽搐——是她所有动作剧烈加速和不断扭曲后出现的结果：

原本缓慢的微笑经过畸形的加速，变成剧烈的、持续几毫秒的龇牙 45
咧嘴的表情；原来大幅度的动作在加速后，就会变成滑稽的抽搐
动作。

在短短的一个街区内，这个疯狂的老妇人就模仿了四五十个行
人的特征。一连串万花筒般的模仿让人眼花缭乱，对每个人的模仿
只持续一两秒甚至更短，整个模仿过程几乎不超过两分钟。

更荒谬的是第二阶和第三阶的模仿。行人被她的模仿吓了一
跳，感到震惊、愤怒和困惑，纷纷模仿她的表情；而这些表情又被
这位图雷特综合征患者映射、引导和扭曲，从而引发更大的震惊、
愤怒和困惑。这种怪异的、无意识的共鸣或互动，将**每个人**都卷入
荒谬而夸大的互动模式，这正是我从远处看到的骚乱的根源。这个
妇人变成了所有人，失去了自我，变得无足轻重。这个拥有无数面
孔、面具和角色的女人，在这股身份旋风中，会感觉到什么呢？
答案呼之欲出：即将爆发，因为她和其他人的压力都在迅速积聚。
突然，她绝望地转向一条通往主街的小巷。在那里，她把经过的
四五十人的所有动作、姿势、表情、举止，以及行为习惯，都迅速
简略地表达出来。她来了一次巨大的、哑剧式的反刍，其中蕴含附
身于她的 50 个人的体态特征。如果说"吸收"持续了 2 分钟，那
么"反刍"则只是一次呼气的时长——50 个人的特征在 10 秒内呈
现，每个人只有 1/5 秒甚至更短的时间。（pp. 122-123）

工具性行为的模式化

心理学家一直对社会促进过程很感兴趣。他们发现，即使是低等
动物也会模仿彼此的工具性行为。一只吃饱的小鸡若和正贪婪啄食谷
物的饥饿小鸡待在一起，就会重新开始进食（Bayer, 1929）；蚂蚁与 46
其他工蚁成对工作时会更加努力（Chen, 1937）。在一个经典实验中，
人类学家记录了日本猕猴的真实模仿行为。一只猕猴发现洗过的红薯

味道更好，于是它就经常在附近的小溪洗红薯，其他猕猴发现后也开始模仿洗红薯。很快，洗红薯就成了一种社会规范。在一篇早期综述中，罗伯特·扎伊翁茨（Robert Zajonc, 1965）总结了进化树上每一系统发育水平的动物物种间相互模仿的证据："有样学样"似有一定道理。

也许我们都能想到这样的实例：实在不知道怎么办的话，那就跟着领队走。1973 年，伊莱恩·哈特菲尔德在德国曼海姆大学度过了一个休假年。作为一名"外籍雇员"，哈特菲尔德需要到市政厅报到，并将无数文件盖章、整理和归档。但是在 1973 年的曼海姆，几乎所有外籍雇员都来自土耳其。当到达市政厅时，她发现工作人员都不会说英语，所有路标都是土耳其语。出乎意料的是，尽管没人为她指路，整个过程却很顺利。哈特菲尔德只是跟着领队走：她排队跟着长长的队伍走来走去，把文件交到这里，又去那里盖章，再在身穿白制服的女人面前伸出胳膊让她给自己接种疫苗。最后，队伍一分为二，男人站在一侧，女人站在另一侧。哈特菲尔德跟随其他女性走进一个小隔间，她也就知道自己应该脱衣服。在医生进行了检查后，她继续前进。虽然她在整个过程中没说一句话，但所有文件都已按照"有样学样"的过程严格归档。

阿尔伯特·班杜拉（Albert Bandura, 1973）等社会学习论者认为，人们常通过观察他人的行为及其后果来学习新的行为。班杜拉承认，虽然许多情绪反应无疑是通过直接的经典条件反射习得的，但情感学习经常通过间接引发的情绪来进行。人们只要看到别人对蜘蛛、狗或雷雨的恐惧反应，就可产生恐惧。他们也可用同样方式学会爱与恨，或者在他人面前表达怒气或保持冷静。情绪反应模式也可以经由模仿而消退：如果某人观察到别人在处理蛇等令人恐惧之物时既不害怕，也未产生不良后果，那么恐惧最终也会褪去。

47

❖ 小结

本章首先讨论和解释了情绪过程的相关机制，并提出三个命题：（1）人们倾向于模仿他人；（2）情绪体验受其所得反馈的影响；（3）人们因此倾向于"复现"他人情绪。关于命题 1，已有大量证据表明人们确实会模仿他人的面部表情、声音、姿势、动作以及工具性行为，并与之保持同步。由此可得出如下结论：（1）人们能以惊人的速度模仿他人动作（或与之保持同步）；（2）人们可以自动模仿／同步极其多的特征。

下文将转入命题 2，并提供证据说明人们的主观情绪体验时刻受这种模仿和／或其反馈影响。

第二章 ‖‖‖‖

情绪传染的机制

情绪体验与面部表情、声音和姿势的反馈

小提琴家伊扎克·帕尔曼在演奏高难度音符时会扬起眉毛（如果是高音的话），直到演奏完毕……一般认为这些动作是次要的、辅助性的。但不妨假设大部分音乐记忆其实蕴藏在这些独特的动作中。不妨假定它们意义重大。

——扎伊翁茨和马库斯

（Zajonc & Markus, 1984, pp. 83-84）

❖ 引言

我们将情绪传染定义为由多种因素决定的心理生理、行为和社会现象。第一章的证据表明，人们普遍会自动模仿和同步他人的表情、声音、姿势和动作。这种模仿可协调和同步社会互动，让互动者有时间思考他人想要达到的目的以及在表达什么。本章将重点讨论模仿的另一个重要却易被忽视的结果：模仿行为会促使互动者间的情绪趋同。此即

命题2：主观情绪体验时刻受到如上模仿过程的激活及/或反馈的
      影响。

如第一章所言，主观情绪体验理论上受以下任一过程影响：

1. 引导模仿 / 同步的中枢神经系统指令。
2. 源于面部表情、声音或姿势模仿 / 同步的传入性反馈。
3. 有意识的自我感知过程，即个体会根据其外在行为推断自身的情绪状态。

鉴于神经轴各层次之间存在功能冗余，这三个过程都可通过面部表情、声音和姿势的模仿 / 同步和表达来形塑情绪体验。因此，需要进一步的研究才能确定情绪体验和情绪传染的基础为何——或许更恰当地说，应是每种情绪体验和情绪传染的条件为何。

　　大量证据表明，情绪体验和躯体表达紧密相关。本章将首先回顾情绪体验受骨骼肌变化影响的相关理论，随后综述相关证据。

❖ 面部反馈假说

历史背景

　　查尔斯·达尔文（Charles Darwin, 1872/1965）认为，面部肌肉反馈深刻影响情绪体验。

> 不受限制地表达某种情绪会强化这一情绪。相反，尽可能抑制情绪表达则可舒缓情绪。放任暴力姿态的人会更愤怒，不能控制恐惧表现的人会更恐惧，悲痛时有消极行动的人则会丧失平复心情的最佳时机。（p. 365）

　　威廉·詹姆斯（William James, 1890/1984a）提出，人们可通过感受肌肉、腺体和内脏的反应来推断情绪——"我们因哭泣而难过，因打击而愤怒，因颤抖而害怕"（p. 326）。他补充道：

50　　　　大家都知道逃避会加剧恐慌，而悲痛或愤怒又会加剧这些情感本身。每次啜泣都会更悲伤，并引发更强烈的啜泣，直到精疲力竭才能停止。愤怒时，我们会用多次爆发性的情绪表达来把自己"激怒"到高潮。而不表达激愤，它就会自己消失。在发怒之前从一数到十，发怒的原因似乎就显得荒谬可笑了。用吹口哨来显示勇气可不只是一种比喻。与此同时，整天闷闷不乐地坐着，唉声叹气，用沮丧的声音回答一切，你的忧郁就会挥之不去。有经验的人都知道，道德教育的最高戒律莫过于此：若想克服自己身上的不良情绪倾向，就须坚持不懈地、冷静地培养与内在本性相反的**外在动作**。坚持不懈的结果必然是褪去愁闷或沮丧，取而代之的是真正的开朗和友善。抚平眉毛，擦亮眼睛，挺胸收腹，大声说话，友好赞美，如果你的心还没有逐渐变暖，那真是太冷漠了！（pp. 331-332）

詹姆斯总结道："若上述论断为真，我们将从未如此深刻地认识到精神生活与肉体结构的联系有多么紧密。"（1984b, p. 138）

　　两篇关于面部反馈的文献综述都显示，情绪**在一定程度上**受面部反馈的影响（Adelmann & Zajonc, 1989; Matsumoto, 1987）。这两篇文献的分歧有二：一是如何理解这种反馈的相对重要性——反馈是情绪体验的充要条件，还是仅仅作为情绪体验的一小部分；二是两者之间的确切联系为何。例如，西尔万·汤姆金斯（Silvan Tomkins, 1962, 1963）提出，情绪体验主要取决于自然发生的面部表情：

　　　　　正如手指的反应比手臂（比手指更粗大、运动更慢）更迅速、更精确、更复杂一样，脸也通过反馈来表达对他人和自我的情
51　　　感。它比运动较慢的内脏器官所产生的任何刺激都更迅速、更复杂。……内脏器官系统粗大且迟缓的特性，为面部独奏所表达的旋

律提供了对照。（1962, pp. 205–206）

汤姆金斯认为，每种情绪都与不同的面部表情有关。喜悦与悲伤的感觉之所以不同，是因为微笑与皱眉的感觉也不同。人们通过调整面部表情来了解自己的感受，调整 ANS 反应来了解情绪强度。在最早的理论中，他主张情绪体验与面部反馈有着**必然**联系。几十年后，他对此进行了修正，在其新近文献中提出面部反馈只是主观体验的一个关键决定因素——或许并不是必要条件，但肯定是充分条件（Tomkins, 1980）。

卡罗尔·伊扎德（Carroll Izard, 1971, 1990）认为，情绪是主观体验、神经活动和自主肌肉活动（主要是面部肌肉活动）这三个独立成分相互作用的结果。它们都影响情绪，可增强或减弱情绪；其中，面部表情的作用最为重要。恩斯特·格尔霍恩（Ernst Gellhorn, 1964）断言，情绪体验是面部表情和交感／副交感神经活动相互平衡形成的结果。他相信，情绪可由骨骼肌的意志行为控制。例如，扮演李尔王的演员在表演时会变得愤怒——诅咒命运、挥舞拳头、对天怒吼。

归因理论家达里尔·贝姆（Daryl Bem, 1972）则认为，情绪体验受多种因素影响，面部反馈只是其中之一。虽然多数理论家认为我们掌握了大量关于内心世界的信息，但贝姆认为在现实生活中，我们对自身的感受往往只有模糊的概念；而人们一旦不确定自己的感受，就必须以解读他人情绪的方式来解读自己的情绪。贝姆指出，人们在确定自己的感受时会使用多种线索，而面部反馈只是其中一种：

> 个体"了解"自己的态度、情绪和其他内心状态，部分是通过观察外在行为和／或行为发生的环境来推断的。如果内部线索过于薄弱、模糊或无法解读，个体在功能上就与外部观察者处于相同位置，即必须依赖这些相同的外部线索来推断个体的内心状态。（p. 2）

52

莱尔德和布雷斯勒（Laird & Bresler, 1992）用一种自我感知理论来解释体验反馈效应。这一理论认为，人们通过对自身情绪－行为的观察和解释形成有意识的感受，这些情绪体验受自身面部表情、姿势、工具性行为和 ANS 反应以及环境信息的影响。他们发现，在确定自己的感受方面，对内部线索或环境线索的依赖性存在显著的个体差异：有人似完全依赖面部、声音和姿势反馈来评估自己的感受；有人则简单地认为，"必须"先感受到他人的感受。

当然，并非所有理论家都同意面部在形塑主观情绪体验方面起重要作用。卡尔·兰格（Carl Lange, 1885/1922）和马里昂·温格（Marion Wenger, 1950）认为，情绪体验和感受**并不**受面部反馈的直接影响。他们相信情绪体验完全依赖于内脏反应：面部反馈只有以某种方式影响内脏反应时，才能对情绪产生影响（例如，如果人们愤怒咆哮、疯狂挥舞手臂，他们就会心跳加速、呼吸困难，进而才会影响情绪）。因此，情绪体验只受面部和其他身体反馈的**间接**影响。罗斯·巴克（Ross Buck, 1985）表示，表情只是潜在体验的"读数"。在此之前，乔治·曼德勒（George Mandler, 1975）也主张，如果主观体验和面部表情之间有任何联系，那也仅是"表象"而已。

尽管当代理论家在面部反馈**如何**影响情绪体验上存在分歧，但大多数同意二者之间存在某种联系（Adelmann & Zajonc, 1989; Lanzetta & McHugo, 1986）。我们的立场是，主观情绪体验受来自面部表情、声音和姿势肌肉运动以及工具性情绪活动的反馈的影响。我们还假设，主观情绪体验也受来自**被模仿者**的面部表情、声音和姿势运动的反馈的影响（命题 2）。

简言之，看到快乐、充满爱意、愤怒、悲伤或恐惧的面孔，会让人模仿该面孔的元素，从而复现他人情绪。保罗·埃克曼也观察到情绪可由模仿形塑，这正是喜悦或悲痛得以传染的原因之一。埃克曼认为，"对他人面孔的感知不仅是信息的传递，还是一种借以**感受他人**

感觉的方式"（引自 Schmeck, 1983, p. 1）。第一章阐述了命题 1 的证据（包括人们为何模仿面部表情），下文将细析命题 2 的证据。

支持面部反馈假说的证据

如今，大多数理论家认同面部反馈在一定程度上影响情绪。研究者已采用三种不同的实验范式诱导被试做出情绪性的面部表情，以此验证面部反馈假说：（1）要求被试夸大或隐藏其可能的情绪反应；（2）"欺骗"被试以获得各种面部表情；（3）设置情境让被试无意识地模仿他人的情绪和面部表情。这三类实验都得出一致结论，被试的面部表情反馈影响其情绪体验（Adelmann & Zajonc, 1989; Matsumoto, 1987）。（有关这些文献的更多信息，参见 Manstead, 1988。）

实验范式 1：夸大或抑制情绪表达

社会心理学家有时要求被试夸大或抑制其自然流露的情绪表达，以了解这对被试情绪反应的影响。例如，他们让被试观看有趣的电影或使其遭受痛苦的电击，但要求被试向观察者隐藏自己的真实感受，事后再询问其真实感受。一般来说，当被试夸大其快乐或痛苦时，他们会声称电影更有趣、电击更痛苦；当被试抑制其面部反应时，情况则相反（Kopel & Arkowitz, 1974; Kraut, 1982; Lanzetta, Biernat, & Kleck, 1982; Lanzetta, Cartwright-Smith, & Kleck, 1976; Zuckerman et al., 1981）。当然，也有少数研究结果与此不一（Colby, Lanzetta, & Kleck, 1977; Lanzetta et al., 1976; McCaul, Holmes, & Solomon, 1982; Vaughan & Lanzetta, 1980）。

在一系列示范性研究中，兰泽塔等（Lanzetta et al., 1976）让被试遭受痛苦的电击，并要求被试抑制或夸大其对预期中的电击和实际电击的面部反应。研究结果显示，相比自由表达条件（即基线条件）：

1. 要求抑制情绪表达的指令减少了被试对电击的反应强度，要求夸大情绪表达的指令则增大了他们对电击的反应强度；

2. 抑制情绪表达引发了较低的皮肤电反应，夸大情绪表达则引发了较高的皮肤电反应。

克莱克等（Kleck et al., 1976）对这一实验范式进行了有趣的变动，并发现如果知道别人在观察自己，被试会自动对即将遭受的电击做出"冷静"的反应。因此，与未被他人观察的被试相比，这些被试在减少情绪表达的同时，似乎也降低了疼痛感和 ANS 唤醒水平（同样由皮肤电导水平来衡量）。

实验范式 2：暗中操纵被试的面部表情

在第二类实验中，主试会小心避免被试察觉自己正在研究情绪或操纵情绪。在一项经典实验中，詹姆斯·莱尔德（James Laird, 1984）告诉被试，自己正在研究面部肌肉活动，并让被试相信实验室内的装置也正在通过复杂的多通道录音记录他们的面部肌肉活动。被试的眉间、嘴角和下颌角处都贴有银盘电极，并用复杂的电线连接到电子硬件（实际上它们没有任何功能）。然后，主试要求被试收缩各种肌肉，做出微笑或愤怒皱眉的表情：在愤怒状态下，要求被试收缩眉间的肌肉（将眉毛并拢并向下拉），并收缩下颌角的肌肉（即咬紧牙关）；在快乐状态下，要求被试收缩嘴角附近的肌肉（将嘴角拉回并上扬）。莱尔德发现，面部肌肉的变化可部分地决定被试对情绪的归因：相较而言，"皱眉"状态下的被试觉得自己更愤怒，而"微笑"状态下的被试觉得自己更快乐。被试的评论可加深对此过程的了解。例如，有人困惑地说：

> 当我下颌紧闭、眉头低垂时，我也试着不生气，但此时它刚好符合这个姿势。我没有任何生气的情绪，但发现自己的思绪还是飘

52

　　到了让自己生气的事上。我想这有点傻。我知道自己是在做实验，

　　也知道没有理由产生这种感觉，但自己就是不听话。（p. 480）

采用同样的实验操作，要求被试回忆悲伤和快乐的时刻，也可产生同样的差异（Laird et al., 1982）。

　　还有研究者巧施妙技，在被试不知情的情况下制造或抑制微笑。斯特拉克等（Strack, Martin, & Stepper, 1988）要求被试用门牙咬笔的同时填写一系列评分表，以引导他们微笑（当用牙齿咬着笔时，面部肌肉会放松成微笑状态）；或是要求被试努起嘴唇夹着笔，同时填写表格，以抑制微笑；还有些被试只是正常用手填写表格。被试的情绪体验会受这些无意识的面部肌肉活动的影响。主试从加里·拉尔森（Gary Larson）的《远端》（The Far Side）中选取了一些漫画，要求被试评定这些漫画的有趣程度。结果发现，用门牙咬笔（微笑）的被试，比用嘴唇夹笔（皱眉）或用手拿笔的被试觉得同样的漫画更有趣。在类似的实验（Larsen, Kasimatis, & Frey, 1992）中，主试要求被试一起移动绑在额头的高尔夫球托。结果发现，这一任务引发了悲伤的情绪和表情。

　　最后，凯勒曼等（Kellerman, Lewis, & Laird, 1989）进行了两个实验，考察了爱意与对爱意表达的反馈之间的联系。他们推断，"只有恋爱中的人才会交换那种长时间、不间断、近距离的凝视"（p. 145）。[这不禁让我想起罗杰斯和汉默斯坦（Rodgers & Hammerstein, 1943）的音乐剧《奥克拉何马》中的台词："别对我叹息，别对我凝视……人们会说我们坠入爱河。"] 为了验证"凝视是否会产生爱意"这一观点，研究者要求男性和女性被试连续凝视对方眼睛两分钟，然后询问他们对彼此的浪漫感受。研究设置了三个对照组：在一名被试凝视另一名被试的眼睛时，后者会移开视线；两个被试都注视对方的手；被试凝视对方的眼睛，但只是为了计算对方眨眼的次数。那么，

56

实验组被试与对照组被试的感受相比如何？不出所料，相互凝视组比对照组的被试更能感受到浪漫、吸引、兴趣、温暖和尊重。第二个实验则发现，被试在室内灯光昏暗、音乐轻柔的浪漫环境中相互凝视时，所激发的热情和浪漫感受最为强烈。

采用上述程序，许多研究都发现面部反馈会影响被试的情绪感受和 / 或行为。被试易于领会与面部表情相一致的特定情绪（爱、喜悦、愤怒、恐惧或悲伤），而很难体验到与其不一致的情绪。这些情绪效应似乎非常具有对应性。例如，如果被试做出愤怒的表情，他们会感到愤怒，但不会感到焦虑或悲伤（Duclos et al., 1989; Laird, 1974）。（更多支持这个论点的文献，另见 Duncan & Laird, 1977; Kellerman et al., 1989; Kleinke & Walton, 1982; Laird, 1984; Laird & Bresler, 1992; Laird & Crosby, 1974; Laird et al., 1982; Larsen et al., 1992; McArthur, Solomon, & Jaffee, 1980; Rhodenwalt & Comer, 1979; Rutledge & Hupka, 1985; Strack et al., 1988。）只有少数研究未能得出这一结论（Tourangeau & Ellsworth, 1979; 另见 Matsumoto, 1987）。

实验范式 3：研究情绪模仿的作用

一些主试通过诱导被试模仿目标对象的面部表情来操纵被试的面部表情。赫希等在一系列研究（Hsee et al., 1990, 1991; Hsee, Hatfield, & Chemtob, 1991）中要求大学生观看一个学生描述他一生中最快乐或最悲伤事件的访谈录像。在其中一项研究（Hsee et al., 1990）中，大学生要回答他们在观看录像时的快乐或悲伤程度（该实验的详情请见第一章"面部表情研究"部分）。不出所料，被试的情绪受他们观看（和模仿）的情绪性面孔的影响。随后的研究进一步证实，无论被试看到的表情是快乐（Bush et al., 1989; Hsee et al., 1990, 1991; Hsee, Hatfield, & Chemtob, 1991; Uchino et al., 1991）、悲伤（Hsee et al., 1990, 1991; Hsee, Hatfield, & Chemtob, 1991; Uchino et al., 1991）、愤

怒（Lanzetta & Orr, 1986），还是恐惧（Lanzetta & Orr, 1981），他们的
情绪都会受到其所模仿的表情的影响。

　　例如，布什等（Bush et al., 1989）推测，在观看电视上的喜剧
节目时，若摄像机时不时将镜头转向观众，停下来对准观众笑到抽搐
的脸，人们应会觉得该节目更加搞笑。他们认为，被试模仿观众面部
表情时感受到的面部反馈会增强他们的愉悦感。为验证这一假设，他
们以大学生为被试，邀请他们参加一项与不同喜剧演员的身心反应有
关的实验。学生需观看三段喜剧表演，并对每段表演给出评论。同
时，主试还给学生的脸贴上电极以测量其"脑电波"，即对演员表演
的非自主反应。为使其熟悉程序，所有被试都先观看第一段喜剧表
演，随后被分配到"抑制组"或"自发组"。其中，抑制组被试被要
求抑制所有面部动作：

　　　　这些传感器对身体和肌肉运动非常敏感，观看视频时请务必保
　　持身体静止，尽量不要让传感器下的任何肌肉发生运动。这会干扰
　　神经活动的正常记录。（p. 37）

58

自发组（即对照组）则只需放松并享受喜剧表演。在每组中，一半的
被试在观看第二段表演时，会看到穿插于其中的观众镜头（重点是其
笑脸），另一半被试则不会看到观众的反应。第三段喜剧也分有和没
有观众反应这两种呈现方式，其中在第二段喜剧中看过观众反应的被
试，在第三段中不会看到观众反应，反之亦然。因此，每组中的每个
被试都能看到两种呈现方式。

　　结果显示，自发组被试认为有观众反应的喜剧片段比没有观众反
应的喜剧片段更有趣，抑制组被试则没有这种偏好（自发组被试也比
抑制组被试更喜欢插播片段）。此外，自发组被试在观看观众的面部
反应时，颧大肌（脸颊）和眼轮匝肌（下眼睑）的活动增加，心率加
快；抑制组被试则没有这种反应。（在观看插播片段时，自发组被试还

比抑制组被试有更强烈的面部肌肉反应。）这可解释为，自发组被试会模仿观众开心的面部表情，抑制组被试则会自觉地按照指示不让面部肌肉发生运动。总之，该研究为命题 2 提供了明确的证据。

情绪体验、ANS 活动和面部表情

至此，我们已呈现情绪体验与刻意做出或自发呈现的面部表情之间存在密切关联的证据。还有些研究表明，情绪体验、ANS 活动和面部表情可能也有联系，但这仍有争议。

直到 20 世纪 80 年代，若问心理学家"每种基本情绪都与特定的 ANS 反应模式有关吗？"这一问题，多数回答可能是"没有"。当时公认的正统观点是，ANS 反应并不会影响情绪类型，只会影响情绪强度。现如今，科学家对"正确"的答案已不再那么肯定。在心理学刚成为一门学科时，詹姆斯（James, 1890/1984a）、阿尔伯特·阿克斯（Albert Ax, 1953）等人推测，情绪的原型与特定的 ANS 活动可能有关。虽然有些许的证据支持这一论点（Beaumont, 1833），但后来的研究者并未找到基本情绪与 ANS 活动之间的一一对应关系（Lacey, 1967）。直到 20 世纪 60 年代，大多数研究者仍同意沃尔特·坎农（Walter Cannon, 1929）以及沙赫特和辛格（Schachter & Singer, 1962）等人的观点，即各种情绪并没有特定的 ANS 标记。

然而，埃克曼等（Ekman, Levenson, & Friesen, 1983）基于他们的研究提出了一个令人惊讶的假设：每种情绪确实都与独特的面部表情模式和 ANS 活动模式有关。尽管无人知晓其推测是否正确，但我们可先回顾这一有趣的研究。研究者要求科学家和专业演员用两种方式之一产生六种情绪（惊讶、厌恶、悲伤、愤怒、恐惧和快乐）：（1）重温他们曾体验过这些情绪的时刻；（2）按照指令逐一控制肌肉以展现表情。例如，恐惧的肌肉指令是："现在开始抬眉毛并靠拢，睁大上眼皮，把嘴角水平向后拉向耳朵。"被试要保持这些姿势 10 秒钟。在这两项任务中，研究者都逐秒评估了五个生理指标：心率、左右手温度、皮肤电阻和前臂屈肌张力。研究得出以下结论。

1. 重温情绪体验时，人们的感受会外露于脸；而且，他们能体验到这些情绪所特有的内心活动。当只是简单地服从指令机械地活动肌肉时，他们显然仍能体验到这些情绪，因为其 ANS 唤醒水平甚至更为强烈。

2. 重温情绪体验或使面部肌肉摆出特定的表情，都会对与这种表情相对应的 ANS 活动产生影响。因此，面部表情似可引发 ANS 活动。

3. 最令人震惊的发现是，埃克曼确定的六种基本情绪似都与面部活动和 ANS 活动的特定模式有关。这些情绪与被试表现出的 ANS 唤醒类型之间存在明确联系（见图 2.1）。积极情绪和消极情绪会引发截然不同的 ANS 活动（例如，愤怒和恐惧时的心率比高兴时更快，愤怒时手指的温度比高兴时更高）。消极情绪之间也存在重要差异。当被试重温之前的某种情绪体验时，心理学家根据皮肤电阻的变化即可区分出悲伤、恐惧、愤怒和厌恶。当被试以某种方式调整面部肌肉时，研究者也能根据心率和手指温度的差异区分出三个情绪亚组（见图 2.2）。

60

莱文森等（Levenson et al., 1991; Levenson, Ekman, & Friesen, 1990）的后续研究还利用定向面部动作测试，发现以下四种成对比较结果具有可重复性：

1. 恐惧时比厌恶时的心率更快。

2. 愤怒时比厌恶时的心率更快。

3. 悲伤时比厌恶时的心率更快。

4. 愤怒时比恐惧时的手指温度更高。

对于假设 ANS 活动无差别的情绪理论来说，上述系列研究形成了一种挑战。

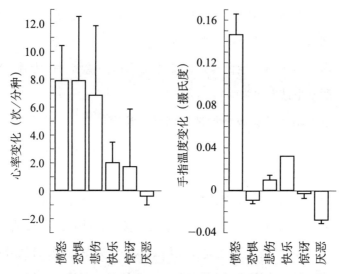

图 2.1　主观体验与 ANS 活动之间的联系

在心率上，愤怒、恐惧和悲伤造成的变化大于快乐、惊讶和厌恶；在手指温度上，愤怒造成的变化与其他情绪造成的变化显著不同。

资料来源：Ekman et al., 1983, p. 1208.

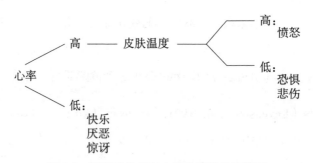

图 2.2　面部动作任务中区分情绪的决策树

资料来源：Ekman et al., 1983, p. 1209.

若经典理论正确，即 ANS 活动不能预测情绪类型而只能预测情绪强度，我们会预期**特定情绪体验和 ANS 的整体唤醒水平**受面部反馈的影响；反之，若埃克曼等人的理论正确，即情绪的类型和强度都可通过 ANS 活动来预测，我们会预期**特定情绪体验和 ANS 唤醒的具**

体类型受面部反馈的影响；当然还有第三种中间可能，即面部表情、姿势和发声动作提供了与特定情绪密切相关的反馈，ANS 活动则提供了一些特定的反馈，同时也提供了拟合多种情绪的大量反馈。卡乔波等（Cacioppo, Klein, Berntson, & Hatfield, 1993）指出，这种混合的躯体内脏传入模式与源于模糊视觉图形的视觉传入模式有许多共同点（见图 2.3）。个体自上而下的加工①方式，会使其将这幅图感知为两个截然不同的图像：（1）位于烛台后面的古埃及女子的正脸；（2）一对双胞胎相互对视的侧脸。一旦辨认出这些图像，观察者就会发现自己可迅速交替看到其中一个图像，但无法同时看到两个图像。卡乔波等人认为，最基本的认知评价与这种躯体内脏反馈相结合，就足以自发产生明确而毫不含糊的情绪感知。

62

图 2.3　由重叠的明确元素构成的错觉图

资料来源：Shepard, 1990. p. 58.

---

①　自上而下的加工（top-down processing）是知觉过程的信息处理方式之一，也称概念驱动加工（conceptually driven processing），指知觉者的习得经验、期望、动机，引导着知觉者在知觉过程中的信息选择、整合和表征的建构。

总之，各种研究显示，人们往往会感受到与其面部表情一致的情绪，但很难感受到与其面部表情不一致的情绪。此外，情绪与面部表情之间具有特定联系：当人们做出恐惧、愤怒、悲伤或厌恶的面部表情时，他们体验到的不是某种泛泛而论的不愉快的情绪，而是某种**特定**情绪；例如，做出悲伤表情的人感受到的确实是悲伤而非愤怒（Duclos et al., 1989）。

当然，情绪并不完全经由面部反馈形成，后者甚至并非情绪的首要因素。若在高级餐厅与某位贵客共进晚餐时，自己一不小心打翻了水杯，那么即使没有尴尬的外部表情，也不意味着内心不会尴尬。强烈而能激发情感的事件总能引人注意和思考，并让人产生持久的情景记忆。若将此类事件与画家的绘画做比较，自发的面部模仿及其引发的情绪就有如画布上的背景和阴影，其影响既微妙又深远：微妙在于其作用是自动发挥的，无须消耗个体的有限认知资源；深远源于它总是影响着个体的瞬时感受。因此，它们可能并非情景记忆的显著特征，但的确构成了社会互动中各类印象和事件得以感知和记忆的背景。

63 ❊ **声音反馈假说**

声音反馈也会影响情绪体验。哈特菲尔德等（Hatfield et al., 1995[①]）进行了一系列验证声音反馈假说的实验。实验对象是夏威夷大学的师生与员工。样本具有广泛的族裔代表性，包括具有日本、中国、韩国、菲律宾、夏威夷、太平洋岛屿、拉丁美洲、高加索、非洲或混血血统的被试。

---

① Hatfield, E., Hsee, C. K., Costello, J., Schalenkamp, M., & Denney, C. (1995). The impact of vocal feedback on emotional experience and expression. *Journal of Social Behavior and Personality, 10,* 293–313. 原书中年份为 in press。

实验一研究了阅读快乐、爱、愤怒或悲伤文本段落的个体的心 *64*
境。主试告诉被试自己正在为贝尔电话公司进行应用社会心理学研
究，目的是测试电话设备在传递复杂的情感交流声音模式方面的性
能。被试要尽可能真实地对着耳麦朗诵一段简短的文本，内容包括充
满快乐、爱、愤怒或悲伤的电话对话。实验采用的情绪文本如下：

快乐

今天是我 20 岁生日，也是我人生中最幸福的时刻。朋友们为
我举办了惊喜生日派对，一帮好友召集起来，悄悄溜进我的公寓，
精心布置了一番，等着我下班回来。我走进门时，他们就在那里！
简直不敢相信，尖叫声和欢呼声此起彼伏，我几乎笑得停不下来。
无法想象我还会有这样美好的一天。

爱

告诉你吧，我恋爱了。我时刻都在想着约翰（苏珊）[①]，可以把
任何对话想成与他（她）有关。我会想象他（她）会对我说什么，
以及我如何告诉他（她）那些从没告诉过别人的事。看到他（她）
时，我会怦然心动、脸颊发红、情不自禁地笑起来。晚上睡觉前，
我也会想起他（她）是多么可爱，自己是多么爱他（她）。

悲伤

我感觉糟透了，仿佛刚刚被击倒了。今天真是一场噩梦。……
刚听说我弟弟得了白血病，需要化疗。我很震惊，没想到我这么关
心他。……我一直以为他只是个讨厌鬼，从没想过他会死。我整天
都在哭。去医院时，我试着隐藏自己的情绪，以免他看到我有多难
受，但情况真是太糟糕，我只觉得糟透了。

愤怒

我恨你，你明白吗？你毁了我们曾经拥有的一切。我希望她

———————————

① 女性被试朗读"约翰"，男性被试朗读"苏珊"，以模拟真实情景。下同。

65 （他）值得你这么做，那我们呢？孩子呢？我接下来该怎么办？我问过你是不是出了什么事，你只是说："哦，没有，再忍耐一段时间，我只是为了多挣点钱而工作得晚一些。"但你一直都和他（她）在一起。别告诉我不要大声喊叫，决定出轨的是你，不是我。是你毁了一切！

研究者用两种方式评估了被试的情绪体验（以及声音反馈对情绪体验的影响）：首先要求被试在实验结束时自我报告自己的情绪状态；其次，尽管被试在传递情绪时并未察觉，但实际上研究者偷偷录制了他们对着话筒讲话时的表情；评分者随后对这些秘密录像进行评分。结果发现，无论是通过自我报告还是面部表情传达，被试的情绪都受他们所传递的情绪信息反馈的影响。当他们用适当的声音表达快乐信息时，自己会感觉更快乐（评分者对他们表情的评价也是更快乐）；当用充满爱意的声音朗诵关于爱的消息时，自己会感觉更有爱意（评分者对他们表情的评价也更有爱意）；等等。

实验二则竭力掩盖研究者对被试情绪的兴趣。他们声称贝尔电话公司正在测试电话系统是否能够准确再现人声。随后，研究者把被试带到秘密的房间，并给他们一盒磁带，每盒磁带配有六种声音模式（快乐、爱 / 温柔、悲伤、恐惧、愤怒或中性对照模式）中的一种。被试需要聆听这些声音模式，然后练习并再现。自己一旦感觉可以做到，就对着电话尽可能准确地再现声音模式，此时电话会进行自动录音。

传播学研究者（Clynes, 1980; Scherer, 1982）已证实基本情绪与特定的语调、声音质量、节奏和停顿模式之间存在关联。例如，克劳斯·舍雷尔（Klaus Scherer, 1982）发现，人们在高兴时发出的声音振幅小、音高变化大、节奏快、声音包络线尖锐、和声少。有鉴于此，哈特菲尔德等在研究中给五种非中性磁带配以与各种情绪相匹配

的声音模式：就主观而言，快乐的声音具有欢笑的特质；悲伤的声音 *66*
具有哭泣的特质；爱的磁带由一系列轻柔的"呜呜"声和"啊啊"声
组成；愤怒的磁带由一系列喉咙发出的低吼声组成；恐惧的声音包含
一系列短促、尖锐的哭声和喘息声；最后，中性磁带是一长段单调而
不间断的嗡嗡声。

实验结束时，主试要求被试"帮最后一个忙"。主试称如果自己能
了解被试此刻的心境，这将有助于分析数据；随后，要求被试指明此刻
快乐、爱、愤怒、悲伤和恐惧的程度，同时告知被试这种检查很有用，
因为心境可能会影响再现各种声音的能力。结果显示，被试发出的特定
声音强烈地影响他们的情绪。因此，这项实验也支持了声音反馈假说。

在另一个系列研究中，扎伊翁茨等（Zajonc, Murphy, & Inglehart,
1989）要求被试模仿"cheese"中的长音"e"（有如微笑的表情）或
德语"für"（此时会噘起嘴唇，模仿消极情绪表达）。被试会感受到
声音和表情所要表达的情绪；可见，主观情绪体验也与声音表达相
适配。

一些研究者还将这些发现用于实践。例如，西格曼等（Siegman,
Anderson, & Berger, 1990）检视了在愤怒的交流中，参与者是否可通
过强迫自己用理性的语气说话来变得冷静。他们要求被试以各种语音
风格谈论让他们愤怒的话题：一些被试轻声慢语，另一些正常说话，
还有一些大声快语。结果发现，当被试需要斟酌语音时，愤怒感会降
低，心率会减慢，血压会降低；而在可以说粗话时，被试会变得更加
愤怒，生理唤醒水平也更高。

声音反馈重要性的性别差异

卡普奇克和利文撒尔（Cupchik & Leventhal, 1974）推测，男女的
情绪体验受声音反馈的影响程度不同。当被问及笑话、情景喜剧或电 *67*
影有多好笑时，他们可能会想这是要求自己做出抽象的、分析式的判

断，**或是**在问自己"笑了多少"。这两种理解并不总是同时出现。沙赫特和惠勒（Schachter & Wheeler, 1962）此前研究了肾上腺素（可增加 ANS 活动）、氯丙嗪（可降低 ANS 活动）和安慰剂对情绪的影响，非常明确地指出了情绪的主观报告与其真实表现之间的不一致。他们通过两种方法测量被试对喜剧片的情绪反应：（1）让被试自己评定电影的"好笑程度"；（2）测量被试的笑声量。结果发现，尽管被试对电影的分析评定完全不受药物影响，但药物诱导的 ANS 水平显著影响了笑声：相对于安慰剂而言，肾上腺素增加了笑声，氯丙嗪则减少了笑声。同样，扬和弗赖伊（Young & Frye, 1966）曾要求被试单独或集体听笑话，尽管两种条件下被试对笑话的评价都是同样好笑，但被试处于群体中时大笑的次数要更多。

据此，利文撒尔和马塞（Leventhal & Mace, 1970）进行了两个实验，以验证小学阶段的男女生对喜剧片的主观分析评定在受声音反馈的影响程度上是否存在性别差异。在实验一中，研究者给被试放一部喜剧片，并在放映期间鼓励或禁止笑声；在实验二中，被试观看一部有或没有笑声的电影。结果发现，女生对电影好笑程度的评分与其观影过程中的大笑程度一致，其判断和行为符合声音反馈假说。但是，男生的评分不受其大笑程度的影响：在实验一中，被鼓励大笑的男生对电影好笑程度的评分要**低于**被禁止大笑的男生；在实验二中，观看有笑声电影的男生对电影的评价要低于观看无笑声电影的男生。

卡普奇克和利文撒尔（Cupchik & Leventhal, 1974）提出，男女的抽象判断过程存在差异：男性更倾向于分析，他们会对电影或动画片的幽默程度做出相对抽象的判断，较少受个人情绪反应的影响（无论这是受到天性还是社会化的影响）；女性更倾向于将抽象信息与自身和他人情绪 – 行为的信息相综合，即将"整个情境"视为整体（Arnold, 1960, p. 80）。研究者设计了一系列精致的实验来验证这一假设。其中，一个实验要求被试对来自《笨趣》《花花公子》《纽约客》三本杂志的 100 幅漫画的好笑程度进行判断。被试被告知要么尽可能保持客观，要么坐下来，轻松享受乐趣。

当实验中的女性被要求保持客观时，她们毫不费力地做到了：她们用抽象的标准来判断动画片的好笑程度，且**其判断并不受其大笑程度的影响**。但当被要求"轻松享受乐趣"时，其判断会受自身情绪反应的影响：笑得更多（在有录制笑声的条件下）时，她们认为漫画更好笑，即女性的反应与声音反馈假说一致。男性的反应则要复杂得多，他们的判断和笑声受多种因素共同影响，这些因素包括对内部线索的敏感程度、漫画本身是否有趣、是在实验的前半部分还是后半部分、是在努力保持客观还是只为了轻松享受，以及他们是否听到了录制的笑声。

还应强调，近期大多数关于声音反馈对情绪的影响的研究认为**并不存在性别差异**（如 Hatfield et al., 1991）。无论是男女的社会化方式趋同导致了性别差异减少，还是这种差异只有在特定情境下才会显现（比如要求对刺激的情绪影响做出判断时），男女的自发情绪反应似乎都受声音反馈影响。

❖ 姿势反馈假说

> 我和她在一起很不自在……因为她的忧郁会从深沉的悲观变成绝望的悲伤。我知道，悲伤会让她失去仪态。
>
> ——保罗·索鲁

理论家们早已注意到，人们的态度（attitude）会在姿势中体现出来。事实上，"attitude"一词最初源于拉丁语"apto"（能力或体能）和"acdo"（身体姿势）的组合（Bull, 1951）。弗朗西斯·高尔顿爵士（Sir Francis Galton, 1884）曾提出，测量晚宴上宾客的身体朝

69

向即可判断彼此是否感兴趣:

> 当两人并排就餐时,身体会明显地向彼此"倾斜",并倚在靠近对方那侧的椅腿上。布置一个带指针和刻度盘的压力计以显示压力变化并不太难,但要设计一个既有效又不引人注意,还适用于普通家具的压力计却很难。我做了初步的实验设计,但终因忙于他事而未能如愿完成。(p. 184)

尼娜·布尔(Nina Bull, 1951)也注意到态度包括心理和运动两个部分,且两者紧密相连。为验证此说,她进行了共包含 53 个实验的系列研究。第一组实验发现,对被试进行催眠并指示其体验某些情绪(喜悦、胜利、厌恶、恐惧、愤怒和沮丧)时,他们会自动采取适当的身体姿势。第二组实验要求被试摆出一系列情绪姿势。例如:

抑郁: 你感到全身发沉,胸口下坠。
恐惧: 你感到全身僵硬,喘不过气,想跑还跑不掉。
愤怒: 你感到手指僵硬,手臂紧绷,下巴收紧。
喜悦: 你感到全身轻盈而放松。(p. 79)

结果发现,当要求被试做出这些姿势时,他们很快就体验到与之相关的情绪;但要求被试体验与这些姿势不匹配的情绪时,他们却很难做到。

里斯金德和戈泰(Riskind & Gotay, 1982)进行了四个实验,以检验情绪和动机是否会受姿势反馈的影响。他们让一些被试摆出自信、舒展、直立的身体姿势,让另一些被试摆出颓废、沮丧的姿势。尽管两组被试在悲伤程度上**并无**差别,但前者(直立组)比后者(耷拉组)更自信,在标准的习得性无助(learned helplessness)任务中表现更为坚韧,感知到的压力也更少。后续的研究得到了同样的研究结果(Riskind, 1983, 1984)。

杜克洛等（Duclos et al., 1989）让被试摆出悲伤、愤怒和恐惧的姿势。其指令如下：

恐惧：请坐到椅子前沿，双脚并拢，置于椅子下方。将上半身转向右侧，稍微扭动腰部，但头始终朝正前方面对着我。现在，右肩稍微下沉，与此同时，将上半身稍微向后倾斜，并将双手抬到大约嘴巴高度，胳膊肘弯曲，手掌朝前。

悲伤：请后仰在椅子上，背部舒适地靠在椅背上，双脚放松地伸入椅下，让腿和脚感觉不到紧张。双手叠放在膝盖上，只需一只手轻轻地放在另一只手上。低下头，下沉肋骨，让身体的其他部分瘫软下来，你应该感到脖子后面和肩胛骨有轻微的紧张感。

愤怒：请将双脚平放在膝盖正下方的地板上，前臂和手肘放在椅子扶手上。紧握拳头，上身略微前倾。（p. 105）

研究发现，被试的感受与其所采取的姿势完全一致。例如，他们摆出悲伤的姿势时会感到悲伤，而不是感到愤怒或恐惧。

　　成为好演员的秘诀就是诚实。如果能伪装诚实，那你就成功了。

——乔治·伯恩斯

布洛什等（Bloch, Orthous, & Santibanez, 1987）曾在智利大学的戏剧学院培训演员，教会他们用面部表情、呼吸和姿势反馈来体验和展现基本情绪（快乐、情欲、温柔、悲伤、愤怒和恐惧）。这些研究者提出：

　　每种基本情绪都可通过以下模式的组合来唤起：（1）以振幅和频率调整为特征的呼吸模式；（2）以特定姿势所定义的一组收缩和 / 或放松肌肉群为特征的肌肉激活；（3）以激活不同面部肌肉模式

为特征的面部表情或模仿。（p. 3）

他们通过两个维度划分基本情绪（以及与之相关的姿势）的类型：紧张 – 放松和接近 – 回避（见图 2.4）。

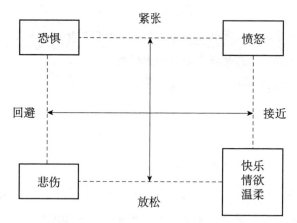

图 2.4　用姿势紧张 – 放松和接近 – 回避参数表示六种基本情绪
资料来源：Bloch et al., 1987, p. 4.

由此，通过教授演员表演与这些情绪相关的呼吸 – 姿势 – 面部效应模式（见表 2.1），他们就可以体验到基本情绪（研究者认为，通过大量练习，演员最终将不再需要体验情绪，只需随意表达情绪即可）。首先要求他们采用特定的呼吸模式，再加上姿势部分，最后呈现面部表情；然后要求他们描述自己的情绪。结果显示，面部表情、声音和姿势反馈模式改变了他们的主观体验。演员还学会只需改变情绪表达的强度，就能更强烈地感受和表达情绪。

72

表 2.1　基本情绪的姿势、身体方向和呼吸模式

情绪	姿势	方向	主要呼吸特征（和嘴的大小）
快乐	放松	接近	迅速呼气（张嘴）
情欲	放松	接近	小振幅，低频率（张嘴）
温柔	放松	接近	小振幅，低频率（放松微笑，嘴闭合）
悲伤	放松	回避	迅速吸气（张嘴）

续表

情绪	姿势	方向	主要呼吸特征（和嘴的大小）
愤怒	紧张	回避	吸气性呼吸暂停（张嘴）
恐惧	紧张	接近	过度换气（嘴巴紧闭）

资料来源：Bloch et al., 1987, p. 5.

❖ 肌肉收缩反馈（本体感知）假说

> 我在害怕中发抖 / 摆出一副漫不经心的姿态
>
> 吹着愉快的曲调 / 甚至没人知道我在害怕
>
> 这种欺骗的结果 / 说起来非常奇怪
>
> 因为当我愚弄那些我害怕的人 / 我也愚弄了自己！
>
> ——《吹出快乐的曲调》，选自音乐剧《国王与我》

还有些证据表明，肌肉收缩的反馈会影响情绪。扎伊翁茨和马库斯（Zajonc & Markus, 1982）观察到：

> 一般来说，我们不应该对通过认知方法改变态度和偏好的困难感到惊讶。这些方法无法触及机体的运动系统和其他躯体表征系统，只涉及一个表征系统——以联想结构、图像和其他主观状态形式存在的表征系统。态度既然包含如此重要的情感成分，很可能具有多重表征——而躯体表征可能是其中较为重要的一种。（p. 130）

卡乔波等（Cacioppo, Priester, & Berntson, 1993[1]）认为，操纵附带的躯体动作可以塑造人们对新事物的态度或偏好。人的最基本

---

[1] Cacioppo, J. T., Priester, J. R., & Berntson, G. G. (1993). Rudimentary determinants of attitudes: II. Arm flexion and extension have differential effects on attitudes. *Journal of personality and social psychology, 65*(1), 5–17. 原文中年份为 in preparation。

能力之一会区分正面刺激（诱使趋近）和负面刺激（诱使回避）：被某人或某物吸引时，则趋近他／它，反之则回避他／它。卡乔波等（Cacioppo, Klein, Berntson, & Hatfield, 1993）提出，态度与趋避行为之间的关系也会倒置：

> 我们旨在探索一种互补视角：某些附带的躯体激活模式，可微妙地影响一个人对新异刺激的感知与态度。（p.4）

例如，如果让被试在阅读某一汉字时发现手臂和躯干在做静态的弯曲动作（与接近、获取或摄取某类刺激有关），那么这个汉字可能会因为这种偶然的搭配变得更有吸引力；相反，如果在阅读汉字时手臂和躯干在做静态的伸展动作（与退出、回避或拒绝某类刺激有关），那么这个汉字可能会失去吸引力。

　　研究者用三个实验检验了这一假设。在第一个实验中，主试告知被试先前研究发现紧张与多种思维和健康问题有关，本实验拟探讨肌肉紧张对思维和判断的影响。然后，主试要求被试对看到的 24 个汉字简单地回答"喜欢"或"不喜欢"（这是为了确保在呈现汉字时被试确实进行了评判）。进行评分时要求被试做出弯曲或伸展动作，以使手臂产生轻微但明显的紧张感（所有被试在观看汉字时都根据指示交替完成了这两项躯体任务）。在弯曲条件下，被试在评分时将手掌放在桌子底下并轻轻抬起；在伸展条件下，被试则要将手掌轻轻按在桌面上。实验结束后，要求被试将所有汉字分成从令人**极其愉快**（+3）到**极其不愉快**（-3）的六组，每组四个字，以此评估其对汉字的态度。在前测中，被试在等距的屈伸运动中对汉字的情感评价是等价和中性的；不出所料，实验结束时被试更喜欢在做出弯曲动作而非伸展动作时进行过评价的汉字。

　　后续两个实验重复了这一结果。在实验二中，被试在按下、放松或举起锻炼棒时评价汉字，然后将这些汉字分类。与实验一的结果一样，尽管他们对汉字的初始态度有差异，但他们更喜欢与屈肌动作而非伸肌动作相匹配的汉字。

在实验三中，被试再次在弯曲、放松或伸展的情况下评价汉字的吸引力。尽管他们的初始判断并无差异，但与做放松动作时相比，做弯曲动作时的态度更积极，做伸展动作时的态度更消极。三组实验的证据明确表明，对中性和非联想性的刺激的情感反应受附带躯体活动模式（比如暗示趋近或回避的屈肌或伸肌动作）的影响。如此看来，我们即使本不关心躯体倾向与外在对象之间的关联，也会更喜欢自身接近或接近自身的事物，而更不喜欢自身回避或推开的事物（反之亦然）。

韦尔斯和佩蒂（Wells & Petty, 1980）也取得了类似的结果。他们要求被试在点头或摇头（遵循之前的指示）时听一篇社论。告知被试实验目的只是测试耳机质量。被试听到的社论要么主张提高学费，要么呼吁降低学费。结果发现，点头者比摇头者更同意社论中的观点。

斯泰珀和斯特拉克（Stepper & Strack, 1992）的研究同样表明，情感部分是由附带的躯体活动决定的。在其中一个实验中，他们诱导被试相信研究者正在研究不同工作姿势对完成不同任务的影响。然后，他们要求被试采取直立或弯曲的姿势完成某项成就任务。结果发现，被试采用直立姿势时会因自身的成功表现而感到更自豪。在另一个实验中，他们要求被试回忆自身的经历，同时引导被试收缩眉间肌（眉毛向下并拢，就像在集中注意力时所做的那样）或颧大肌（嘴角微笑），结果也与此类似。

韦格纳等（Wegner, Lane, & Dimitri, 1991）在另一实验中探索了"秘密联系"（secret liaisons）的诱惑：

> 这个实验旨在复现秘密联系的高发时刻所发生的一些情况。想

象一下：一对情侣刚刚在桌子下轻轻碰了对方的脚踝，他们的眼神一闪而过，双方立刻意识到所处的危险境地。同桌的人还不知道他们的关系，因为这一触碰才刚刚开始——其他人显然不可能知道。但触碰仍在继续。这对情侣必须装出对彼此不关心，而只对桌面上的谈话感兴趣，努力不让继续进行的秘密活动影响其思绪和行为。结果是，这种典型的秘密联系会使他们之间更加相互吸引。（p. 18）

他们设计了一个简单实验来验证上述观点。他们邀请弗吉尼亚大学互不相识的男女学生玩纸牌游戏。其中一组被私下告知，他们任务是使用"自然的非言语交流"来玩这个游戏。这组被试在整个游戏中都会用脚与同伴保持接触，以便传递秘密信号。秘密接触组被试不能让组内的其他人知道自己在玩"碰脚踝"游戏；非秘密接触组被试可以告诉他人自己在玩"碰脚踝"游戏；秘密非接触组被试不能，也不知道有人在"碰脚踝"；非秘密非接触组则仅告知在玩牌。不出所料，秘密接触组被试彼此产生了更多的浪漫吸引力；对于不接触的被试而言，知道有人在玩"碰脚踝"游戏的被试也比不知道这一信息的被试对同伴的浪漫吸引力评分要高。同样，被试的浪漫感觉似与其所做出的行为一致。

❈ 情绪体验和戏剧表演

> 角色会像病毒一样侵入你的身体，占据你的心智。
> 电影结束拍摄，如同疾病痊愈。
> 你会慢慢地康复，重新做回自己。
>
> ——詹妮弗·杰森·李

康斯坦丁·斯坦尼斯拉夫斯基等理论家注意到，演员有时会"复现"其所扮演角色的情绪（引自 Moore, 1960）。顺便指出，已有评论者注意到，演员罗宾·威廉姆斯有一种特殊的能力，他可以"完全融入"（gobble-up）自己所扮演的角色（Morgenstern, 1990）：

> 他擅长领会抽象的意见，善于倾听。有时好得让人觉得他是一面"情绪之镜"：你平静，他也平静；你亢奋，他更亢奋。（p. 34）

神经学家奥利弗·萨克斯曾说，威廉姆斯在电影《无语问苍天》中扮演的自己，就像是走进了一面三维立体镜子：

> 萨克斯曾以幽默的方式谈及这段超现实的经历，但他对此感到忧虑。他回忆说："得知罗宾这样一个具有超能力的演员要扮演自己时，我有点害怕，因为他确实具有非凡有时是无意识的模仿能力。不，'模仿'这个词用得还不对，他在某种程度上可以复现个体所有的特质，包括声音、手势、动作、特质和习惯。他已经成为那个人。"
>
> 随着威廉姆斯对人物外貌的深入研究，被扮演对象的疑虑也与日俱增。萨克斯说："这就像一对孪生兄弟，就像遇到一个和自己有同样脉动的人。当我看到他的手以一种奇怪的方式放在头上时，我就会意识到我的手也那样。但我要补充的是，这只是早期的短暂阶段，这种镜映会带来更深刻、更丰富、更出乎意料的发展。"（Morgenstern, 1990, p. 96）

通常，这种近距离的模仿意味着像罗宾·威廉姆斯这样的演员会与其所扮演角色产生共鸣。

柯克·道格拉斯（Kirk Douglas, 1988）曾说，有一次他开车去加利福尼亚的棕榈泉时让一名年轻水手搭了顺风车。当认出道格拉斯时，这名水手惊讶地喊道："嘿！你知道你是谁吗？"道格拉斯反思后承认，有时演员确实会差点在角色中迷失自己：

> 我差点就迷失在《梵高传》中梵高的角色里。我感觉自己越界了，进入了梵高的身体。我不仅看起来像他，还和他自杀时有同样的岁数。有时我不得不阻止自己伸手摸耳朵，看看它是否真的还在。[①] 这是一种可怕的经历，那条路通往疯狂。……这个回忆让我畏缩，我再也不能扮演他了。（Lehmann-Haupt, 1988, p. B2）

之后，在一次《梵高传》的私人放映后，演员约翰·韦恩斥责了他：

> 柯克！你怎么能演那玩意？咱哥们就剩这么几个人了，得演点硬角色，而不是那些同性恋怂包。我试着解释道："嘿，约翰，我是个演员，喜欢演些有趣的角色。它们都是虚构的，不是真的。你知道吗，你也不是真正的约翰·韦恩！"（Douglas, 1988, p. 243）

> 他说他不太分得清表演和现实……而我有时也分不清。这确实有点恐怖。

> ——琼·普莱怀特谈她丈夫劳伦斯·奥利弗

斯坦尼斯拉夫斯基曾猜测这个过程的运作原理是：人们的情绪体验被存储于"情绪记忆"之中。在那里，它们作为情绪的精华而被留存。在他看来，

> 情绪记忆存储着人们的既往经历；要重温这些经历，演员必须在特定环境下执行必要的、合乎逻辑的肢体动作。情绪和肢体动作的细微差别一样多。（引自Moore, 1960, pp. 52-53）

---

① 梵高曾割掉自己的左耳。

由此，斯坦尼斯拉夫斯基提出，只要做出各种曾与情绪相关的小动作，我们就可在任何时候重温这些情绪。

❖ 小结

有大量证据支持命题 2：主观情绪体验时刻受面部表情、声音、姿势和动作模仿的激活和 / 或反馈的影响。

下一章将探讨支持命题 3（人们确实倾向于复现他人情绪）的多学科证据。

第三章 ||||
情绪传染的证据

❖ 引言

第一章曾提出如下命题：

> 命题 3：结合命题 1 和 2，人们每时每刻皆可复现他人情绪。

对此，已有来自不同学科的证据。

❖ 动物研究

动物学家认为，表情模仿是种内交流古已有之的基本形式。许多脊椎动物中都存在这种传染现象（Brothers, 1989）。

在 20 世纪 50 年代，就有许多研究发现动物能复现其他同伴的情绪。罗伯特·米勒（Robert Miller）及其在匹兹堡大学的同事（Miller, Banks, & Ogawa, 1963; Miller, Murphy, Mirsky, 1959; Mirsky, Miller, & Murphy, 1958）发现，猴子可用表情和姿势传递恐惧。猴子受惊吓后的表情、声音、姿势都可起到警示作用，表示它们可能遇到麻烦。接收到这些表示恐惧的信号后，其他猴子可提前做出恰当的避险行为。

还有研究者采用"合作条件反射"（cooperative conditioning）范式

检验了这些假设（Miller et al., 1963）。在这一范式中，研究者向一只猴子（刺激猴）展示条件刺激（CS），另一只猴子（被试猴）则可做出避险反应。[①] 问题在于："猴子能否学会交流？"实验者训练这些恒河猴形成条件反射，使其一看到显示器出现猴脸就得按一下杠杆以避免遭受电击。有时被试猴看到的是一张平静的猴脸，有时看到的则是受惊吓或痛苦的猴脸。其中，受惊吓的猴脸样子如下：

80

> 下巴绷紧，嘴角下抻，下巴和颈部松弛的皮肤明显收紧；鼻孔张大，反映了呼吸的急促；眼神中透露的表情变化则难以精确描述。与在测试室中观察物体时相比，在条件刺激出现时它的眼睛睁得更大，并且似乎更加涣散。如果不能通过按杠杆把条件刺激关掉，那么随着电击时刻的临近，猴子会变得越来越恐惧。它会猛烈地晃头，有时似乎在发出声音，尽管实验室的隔音设施能阻止这些声音的传播。（p. 29）

毫不意外，相比平静的猴脸，猴子很快能发现受惊吓的猴脸预示着危险。看到这种猴脸的猴子很快就会感知到这种恐惧（表现为心率加快、毛发耸立），并能更快地学会避险操作。研究者还进行了一系列消退实验（Mirsky et al., 1958; Miller et al., 1959）。有时研究者突然向被试猴呈现平静的猴脸（刺激猴的脸或自己的脸），有时则换成受惊吓或痛苦的猴脸。同样，后者更易重新激活这种已消退的避险反应，尤其当平静的猴脸来自刺激猴且出现这一图片后配以电击时更是如此。

米勒等（Miller et al., 1959; Miller, 1967）发现，恒河猴很容易学

---

① 两只猴子分别处于两个独立且隔音的实验室中，被试猴通过电视屏幕看到刺激猴的脸，并可按一个杠杆使刺激猴避免电击。典型的训练是：当被试猴面前的屏幕出现刺激猴的画面5秒后，就会对刺激猴的足底通电，使之遭受电击，从而呈现受惊吓或痛苦的表情；被试猴需要学会在此之前按一个杠杆，使刺激猴免于电击，同时这也可关闭自己面前的电视画面（参见 Miller et al., 1963）。

会利他行为。例如，若猴子发现同伴正因电击而受苦，它们很快就学会按杠杆终止电击。可以推定，这是因为它们能直接读懂刺激猴脸上的痛苦表情（因为实验室是隔音的），感受到它们的沮丧和生理唤醒，从而学会如何减少这种痛苦。实际上，它们能以同样快的速度学会如何使自己和其他猴子免受电击。

81

这些经典研究似乎说明，即使在比人类低级的动物中也存在情绪传染。

❖ 发展研究

> 看到奶奶在餐桌上窒息了，我也不由得喉咙发紧。
>
> ——约翰·厄普代克

儿童心理学家一直对原始情绪传染、共情和共感感兴趣（Eisenberg & Strayer, 1987）。最早，德语 *Einfiihlung*（共情）指"设身处地"地理解他人的体验，即体验本书所谓的情绪传染（Stein, 1917/1964）。爱德华·铁钦纳（Edward Tichener, 1909）曾称，人永远无法通过理性**了解**他人，他们只能通过**感受别人的情绪**理解他们。他说：

> 我不仅仅能观察到庄重、谦虚、骄傲、恭敬、威严，我还会在脑海的"肌肉"中感受或操练它们。（p. 21）

后来的研究者曾推测这一过程如何得以实现。奥尔波特（Allport, 1937/1961）认为，这涉及"把自己假想成对方进行思考、感受和行动"（p. 536），并"假想他人的姿势与表情"（p. 530）；加德纳·墨菲（Gardner Murphy, 1947）推测，一个人之所以会产生与他人相同的感受，是因为存在**运动模仿**——"当他观看拔河比赛时，其肌肉会紧绷；

当女高音向上发声时，其喉咙会感到疲劳，脚跟也会抬起"（p. 414）。

如今，理论家们对我们感兴趣的过程、原始共情或情绪传染、共情或共感进行了明确的区分。回忆一下本书引言所提到的，我们对**原始情绪传染**的定义如下：

> 自动模仿他人的面部表情、声音、姿势和动作并与之同步，从而在情绪上趋于一致的倾向。（Hatfield et al., 1992, pp. 153-154）

艾森伯格和米勒（Eisenberg & Miller, 1987）将**共情**（empathy）定义为：

> 一种源于对他人情绪状态或状况的理解并与之一致的情感状态。（p. 292）

维斯佩（Wispé, 1991）在定义共感（sympathy）时指出：

> 共感的要素有二：一是对他人感受的高度觉知；二是采取必要行动来缓解他人困境的冲动。（p. 68）

发展研究者承认，最原始、最基本的过程就是情绪传染（Eisenberg & Strayer, 1987; Zahn-Waxler & Radke-Yarrow, 1990）。发展的顺序似乎是这样的：

> 研究表明，从出生后几个月到一年，婴儿会对他人的痛苦做出反应，就好像痛苦发生在自己身上一样。看到其他孩子受伤哭泣，他们也会哭，尤其当其他孩子哭一两分钟以上时更是如此。
>
> 但在 1 岁左右，婴儿开始意识到痛苦是别人的感受。"他们会觉得这是其他孩子的问题，但往往不知道该怎么办。"……
>
> 研究者称，在这个阶段，幼儿经常模仿他人的痛苦——这显然是为了更好地理解他人的感受。……

美国国家精神卫生研究所（NIMH）发展心理实验室首席研究员玛丽安·拉德克－亚罗（Marian Radke-Yarrow）说："从 14 个月到 2 岁或 2 岁半左右，你会看到孩子在别人的手指受伤时会摸摸自己的手指，看看自己的手指是否也会疼。"

……不过，到了 2 岁半，学步儿会清楚地意识到别人的疼痛与己无关，并知道如何适当地安慰他们。（Goleman, 1989, pp. B1, B10）

遗憾的是，研究者甚少关注情绪传染的基本过程，他们把绝大部分精力放在理解认知属性更强、更复杂、更"有益于社会"的共情和共感过程的发展上。尽管如此，儿童心理学家和发展心理学家还是积累了一些证据，它们表明父母和孩子从一开始就有很强的"伴生性"（enmeshed）；双方都有情绪传染的迹象（Thompson, 1987）。

没有什么比模仿更有趣了。我当时的身高才到父亲的屁兜，他的手帕总是从口袋里露出一角。多年来，我总把手帕的一角拉出同样的距离。

——阿瑟·米勒

跟瘸子住在一块，你走路也会变得一瘸一拐。

——普鲁塔克

大量证据表明，孩子一出生就能和父母进行情感交流。他们会模仿对方的表情、声音和动作，从而了解和 / 或感受对方的感受。

孩子复现父母情绪的证据

有证据表明，即使是刚降生的新生儿，也能模仿他人的声音和动作。有研究发现，让一名女性对一组早产儿和一组足月儿做出高兴、悲伤或惊讶的表情，高兴的表情会引起这两组婴儿的嘴张得更大，悲伤的表情会让婴儿的嘴唇撅起，而惊讶的表情会让婴儿张更多次嘴（Field et al., 1982）。这一研究说明，婴儿**一出生**即有模仿面部表情的能力。其他研究也证明，新生儿具有动作同步能力。有研究者走到出生仅 30 ~ 56 小时的新生儿面前，将自己的脸与婴儿的脸相距 19 厘米进行交谈。结果发现，所有婴儿都表现出同步动作（Berghout-Austin & Peery, 1983）。

马丁·霍夫曼（Martin Hoffman, 1978）发现，医院育婴室中新生儿的哭声通常具有传染性。婴儿似乎也会与听到的音调保持一致（Webster, Steinhardt & Senter, 1972）。霍夫曼（Hoffman, 1973）认为，照料者可通过肢体动作教会婴儿感同身受（见图 3.1）。如果母亲在感到痛苦时身体发僵，怀中的婴儿也会感到痛苦。霍夫曼推测，最初与母亲痛苦的表情和言语相伴随的动作表达会成为条件刺激，从而触发孩子的痛苦感觉。当这类刺激得到泛化后，即使是痛苦的陌生人也会触发孩子的痛苦。霍夫曼（Hoffman, 1987）总结道：

84

> 婴儿可能通过最简单的唤起模式体验共情痛苦……这远早于他们产生区分自我与他人的意识之前。此时，模糊感知到的他人痛苦的线索与自我共情唤起的不愉快感觉相互混淆；因此，婴儿有时表现得发生在他人身上的事情好像也发生在自己身上。婴儿似乎还能察觉父母的恐惧和焦虑。（p. 51）

霍夫曼举例说，幼儿看到别的孩子摔倒哭泣，会把脸埋在妈妈的腿上；看到别的孩子打针，也会愤怒地拍打医生。

无论如何，越来越多的证据都表明，抑郁的母亲会将自己的情绪传染给婴幼儿，使后者也可能患上抑郁症（Downey & Coyne, 1990）；看到成人的愤怒后，儿童也会对同伴产生异常的攻击行为（Cummings, 1987）。

图 3.1 父亲看到儿子扎针时也皱起了眉
资料来源：经摄影师安妮塔·亨德森（Anita Henderson）授权后转载。

小说家安妮塔·布鲁克纳（Anita Brookner, 1987）在拜访一位朋友时，曾震撼于这位朋友的父亲传递给儿子的强烈焦虑：

> 回想起他的童年，我感到既怜悯又厌恶；他的父亲极度焦虑，
> 没能好好照顾他。焦虑就如击鼓传花般，从一个人传给另一个人。
> （p. 102）

坎波斯和斯滕伯格（Campos & Sternberg, 1981）所称的"社会参照"（social referencing）也是情绪传染的一种基本形式。他们认为，在模棱两可的情况下，婴儿会扫视父母的脸，察觉快乐、愤怒、惊讶或恐惧的表情，并使用这些信息决定下一步的行动。父母的面部
85 表情会向婴儿灌输信心或恐惧，婴儿的继发情绪则可决定其行为。

> 卑劣之人，有时会让最良善之人也变得残忍。
>
> ——伊丽莎白·鲍恩

当然，儿童并不总能察觉到他人的情绪、共情他人的焦虑或痛苦。小说家约翰·厄普代克（John Updike, 1989）描述了幼儿的如下

特征，即奇特的情感共鸣与偶尔的残忍并行不悖：

> 我小时候会折磨玩具，对着它们大吼大叫，这让我既着迷又恐
> 惧。我曾因为生气而割开橡胶唐老鸭的脖子，但只割开一半，就
> 没勇气继续割了；一动弹唐老鸭的头，切口就像嘴巴一样一张一
> 合。……还有，别的孩子在钓鱼、捉蟾蜍，或者捉蚱蜢并将蚱蜢的
> 腿扯下来、只剩个活生生的躯干时，我会感到害怕。每当小伙伴
> 摆弄动物或昆虫时，一种恐惧感就会驱使我闭上眼睛，背过身去。
> （pp. 156-157）

86

父母复现孩子情绪的证据

父母也能复现新生儿的情绪。弗罗迪等（Frodi et al., 1978）发现，与看到婴儿微笑的父母相比，看到婴儿悲伤或愤怒的父母会感到更为"烦恼、痛苦、不安、冷漠、注意力不集中和不快乐"。父母看到孩子悲伤或愤怒，血压会升高，皮肤电导水平也会上升。母亲最能察觉和模仿新生儿的积极情绪（感兴趣、愉快和惊喜），也会在一定程度上模仿他们的消极情绪（痛苦、悲伤和愤怒）（Malatesta & Haviland, 1982）。

众所周知，成人的目光接触和言语表达（无论有意无意）均可诱导婴儿发声（Bloom, 1975）。但鲜为人知的是，母亲的反应也受婴儿的影响。一项设计巧妙的实验发现，婴儿的发声和转头会增加母亲说话和微笑的次数（Gewirtz & Boyd, 1976, 1977）。母亲和婴儿（来自不同族裔和社会经济群体，年龄从1周到2岁不等）的发声时间和持续时间是一致的，并能同步其动作（Cappella, 1981）。

尽管这些有趣的研究并不能明确父母和子女在遗传上有互相影响对方情绪反应的倾向，但不可否认的是，照料者和新生儿的注意力、情绪和行为同步，对于一个物种来说具有潜在的适应意义。

情绪传染的跨文化差异

父母并不总能共享孩子的情绪。社会可能会教导人不必回应孩子的情绪，甚至要求成年人鄙夷情绪的流露。保罗·索鲁（Paul Theroux, 1988）在中国农村旅行时看到这样一件事：

> 我们看到院子里有个母亲在打孩子。我简直吓呆了，母亲下手是如此之狠，孩子也变得歇斯底里，无法平静，反过来追打母亲，还边哭边尿。他才差不多 7 岁。对落难之人，一些中国人常报以嘲笑。老魏他们很快就开始取笑这个被虐待的孩子。（pp. 411–412）

儿童的情绪可能引发互补情绪

父母会以互补而非相同的情绪来回应。例如，他们会觉得孩子以自我为中心的、夸张的愤怒很有趣、可怕或尴尬。

孩子的生理缺陷可能使情绪传染变得困难

父母的情绪反应也会受子女收发情绪信息的能力（或能力不足）影响。塞尔玛·弗雷伯格（Selma Fraiberg, 1974）曾对盲童进行过长达 12 年的研究，她如此记述研究过程的困难：

> 当专业访客观看电影或录像时，我会偷瞄他们观察屏幕上孩子时的表情。对于视力正常的孩子，观众脸上的心境共鸣总是很有趣。电影中的小孩微笑，他们也会微笑；小孩痛苦，他们也会表情严肃；小孩对检查员的偷摸行为感到愤怒，他们会共情地笑出声；玩具丢了，婴儿皱起眉，他们也会聚精会神地皱起眉头；掉了玩具，他们也会低头在屏幕下方帮他寻找。
>
> 但屏幕上的盲童不会引起访客的这些自发心境。他们通常都一脸严肃，一定程度上这是对失明本身的反应，但也有其他原因。

87

84

盲童无法掌握很多表达行为的词，它们在访客的脸上也无法反映出来。

最近的一个下午，我们团队专门讨论了与盲童有关的自我观察问题。作为与盲童合作多年的研究者，我们的共识是，我们一直都觉得在这种社会交流中缺失了一些重要的东西。但我们也从盲童那里得到了巨大的回报。所有的工作人员都对这些自 1 岁起就相识的孩子有着深厚感情。多数孩子已成长为健康、活泼、行动自如、健谈、调皮、极具个性与吸引力的学龄前儿童。我们像父母那样自豪地谈论他们，直到一个视力正常的孩子突然来访，才会意识到我们的反应中缺少了些什么。

当一个视力正常的孩子来访时，我们会自发地产生融洽的关系，跟他们一起做出各种滑稽的动作。我们仿佛回到了自己的部落中，大人和小孩可以各玩各的。但如果有人像我们一样多年来一直与盲童打交道，那么让他们与视力正常的小孩相处，就会像久在语言和风俗截然不同的异国他乡偶遇来访同胞一样，倍觉荒谬。后者可能只是个问路的陌生人，但自己也会热情接待他，觉得他的口音和习惯用语都很讨人喜欢。两人原本素不相识，除了来自同一个地方几无共同之处，但他们仍可以交流。在这种交流中，几乎所有的部落符号都能得到正确的理解和解释。

对于盲童，除了那双看不见的眼睛，我们所忽略的是关于符号和信号的词汇，它们早在语言变得有意义之前就可提供最基本、最重要的话语意义。(p. 217)

最后，父母即便能察觉孩子的情绪，也不能保证以孩子希望的方式对待他们。例如，有研究发现，当新生儿情绪不佳或体弱多病（如肠绞痛）时，父母会感到痛苦。可悲的是，这反而可能导致父母虐待或忽视孩子（Bugental, Blue, & Lewis, 1990）。

❖ 临床研究

治疗师对来访者的反应

早期，弗洛伊德（Sigmund Freud, 1912/1958）曾严厉警告治疗师应与来访者保持情绪距离：

> 我急切地建议同行，开展精神分析治疗时应以外科医生为榜样，将所有情绪甚至是同情心抛之脑后。（p. 115）

尽管如此，治疗师还是往往会察觉来访者的感受。他们发现，接待抑郁症患者非常困难，他们语速慢，表情悲伤，或喋喋不休地叙述绝望细节，这总让人昏昏欲睡，很难集中精力一直提供帮助。荣格（Carl Gustav Jung, 1968）指出：

> 情绪会传染。……即使医生能完全客观地对待患者的情绪，患者有情绪这一事实本身也会对医生产生影响。如果医生认为自己可摆脱这种影响，那就大错特错了。他只能意识到自己受了影响，如果没能意识到，那就过于冷漠了，不免会偏离治疗主题。他甚至有责任接纳患者的情绪，并做出相应的镜映。（p. 155）

西奥多·赖克（Theodor Reik, 1948）在《用第三只耳朵倾听》一书中指出，治疗师和其他专家有意无意中已掌握大量有关他人的信息：

> 心理信息的来源并不统一。首先，部分信息通过有意识的听觉、视觉、触觉和嗅觉获得；其余信息则是无意识中观察到的。可以说，后一种信息更为广泛，而且在促成理解方面比有意识听到、看到的信息更为重要。当然，知晓这些信息必然意味着我们已经意识到它们，但在描述意义上仍可称它们是前意识的或无意识的。他人姿势和动作中的特异之处，会在不经意间给我们留下深刻印象。

甚至不必刻意回想，我们就能记住他人的衣着细节和姿势特征、细微的气味差别、握手时无法直接观察的轻微触感、或温暖或湿润或粗糙或光滑的皮肤、抬眼看人的姿势——尽管自己并不刻意注意这些东西，但它们却实实在在地影响着自己的看法。思维过程伴随着微小的动作；脸或手的肌肉抽动以及眼睛的运动，都能与言语一样传递信息。眼神、姿态、身体动作、特殊的呼吸方式都蕴含着沟通的力量。隐蔽的动作和冲动所释放的信号，悄然影响着日常语言、姿势和动作。(p. 135)

尽管无法意识到他人隐蔽动作的目的和冲动，但我们仍会在不知不觉中对它们做出反应，就像地震仪对微弱的地壳震动一样敏感。(p. 480)

这不禁让人想起弗洛伊德的观点：凡人生来就不能保密。"我们的每一个毛孔都渗透着自我背叛。"……这一论断还启示着后续的结论。反思一下我们的器官和各种感知理解工具对这些无意识内容做出的反应，就不难猜出后果是什么了——**每一个毛孔还在吸收他人的自我背叛。**(pp. 142-143)

赖克将这一过程分为四个层面，治疗师可借此近距离窥见来访者的情绪，然后再离得远些，以便处理这些情绪：

1. **认同**（identification）——关注他人，沉浸在对这个人的思考中。

2. **融入**（incorporation）——内化他人，将其体验变成自己的体验。

3. **回响**（reverberation）——体验他人的体验，同时关注自己与该体验的认知和情感关联。

4. **分离**（detachment）——从融合的内在关系退回到独立身份的位置，从而既能理解他人又能与他人相离。（Marcia, 1987, p. 83）

羞涩的人也会令他人变得害羞。在社交关系中表现出受虐态度的人，往往会激起他人无意识的虐待本能。这难道不是他的无意识在作祟吗？

——西奥多·赖克

91　　另外，治疗师开始推测"反移情"过程如何运作，以及如何在治疗中使用这些情绪信息（Emde, Gaensbauer, & Harmon, 1981; Tansey & Burke, 1989）。例如，坦西和伯克（Tansey & Burke, 1989）认为，治疗师可能会对来访者的情绪做出两种反应：一是准确感受来访者的情绪（**一致认同**）；二是感受与来访者的情绪**互补**的情绪（比如对来访者的愤怒攻击行为感到受伤）。他们假定，治疗师能感受到来访者**希望**激发的感受。（由此可推定，在一致认同情况下，来访者希望治疗师分享他们的体验；在互补情况下，治疗师会扮演完全不同但有促进作用的角色——比如严厉管教来访者的孩子。）

威廉·赖希（Wilhelm Reich, 1933/1945）提出，治疗师可仔细观察和模仿来访者的表达性动作，以洞察其思想、情感和性格。

我们的身体会不由自主地**模仿**患者的表达性动作。通过模仿这些动作，我们"感受"和理解自己的表达，因此也在理解患者的表达。（p. 362）

治疗师可从来访者长期的肌肉紧张状态（即"盔甲"）中读出其性格结构和心理冲突。当愤怒的上司想"咬碎"下属时，他会一直紧绷下巴来表达愤怒；觉得身负不可承受之重的人，会缩脖子和驼背以示悲伤和疲惫；拼命压抑思想、记忆、情绪和感知的人，会绷紧肌肉。如此一来，紧张就预示着冲突。赖希补充道：

一旦分析师掌握了生物表达的语言，就可容易地评估盔甲的性质、僵硬程度以及身体情绪语言的抑制程度。穿盔甲者的表达方式是"退缩"，其含义非常直白：**身体正呈现出退缩形态**。后撤的肩膀、挺拔的胸部、僵硬的下巴、浅而压抑的呼吸、凹陷的腰部、后缩而不动的骨盆、"面无表情"或僵硬伸腿，这些都是完全抑制的基本态度和机制。（p. 363）

穿盔甲的人不仅对自己的感受麻木，对他人的感受亦是如此。他认为，高度神经质的人通常缺乏同理心。

在此基础上，弗里达·弗洛姆-赖希曼（Frieda Fromm-Reichmann, 1950）进一步建议那些无法确定来访者感受的年轻治疗师，可有意识地模仿来访者的身体体验和姿势，以便洞察他们的无意识想法和感受。有趣的是，爱伦·坡（Edgar Allan Poe, 1915）在短篇小说《失窃的信》中认为，若有意识地模仿他人的面部表情，人们能很快产生与之相同的感受：

> 想要弄清楚某人的智慧、愚蠢、善良或邪恶程度，或者他此刻的想法，我就会尽量准确地模仿他的表情，然后看我的脑子里或心中会产生什么想法或情感。它们似乎与表情相匹配或相呼应。（p. 100）

治疗师对来访者情绪状态的评估：有意识的判断还是情绪传染

临床研究者指出，了解来访者情绪状态的方法有二。首先是**有意识地处理情绪信息**，仔细权衡来访者的陈述，表情、声音和姿势，ANS 反应，工具性行为，以及这些反应发生的背景；其次是治疗师时刻监控**自己**的情绪反应。

一般来说，治疗师的有意识感知和情绪反应是同步进行的。但如果这两者不同步，会发生什么呢？有时来访者会声称自己感觉"很好"，但其表情、声音和姿势却传达出不同信息。治疗师当然也会感觉不对劲。那该如何处理这些相互矛盾的信息呢？赫希等（Hsee,

92

Hatfield, & Chemtob, 1991）假设，心理治疗师会有复杂的反应，**想**的是一回事，**感受**到的却是另一回事。他们的有意识评估当然会受来访者所做**陈述**的过度影响，但自己的**感受**则更多受来访者真实感受的影响。

为了验证这些假设，他们招募了 87 名夏威夷大学的学生进行了一项实验。样本具有多族裔人口特征：25% 的被试是日裔，10% 是华裔，4% 是韩裔，12% 是菲律宾裔，7% 是夏威夷原住民，2% 是太平洋岛民，5% 来自其他亚裔群体，2% 是西班牙裔，13% 是白人，2% 是非裔，10% 来自其他背景，还有 8% 有多族裔背景。

被试来到实验室后，坐在电视屏幕前。实验者首先对实验目的进行解释：现代电影制片人正采用多种技术为美国市场改编外国电影，其中大型制片厂会给外国电影配音（英语）或添加字幕（为了说明这些程序，主试放映了德国电影《巴黎野玫瑰》和希腊电影《Z》的片段）。但有时电影制作人也得依赖更便宜的技术，夏威夷大学近期就开发了一款特殊的计算机翻译程序，只需将外语对白输入计算机，然后通过语音合成器即可出现英文译文。合成的英语"声音"听起来当然有些奇怪（类似于电话答录机上平淡、不连贯的声音），但这种技术似乎仍然有效。

然后，被试进行情绪评价。他们需要观看 3 分钟的波兰教育电影片段，影片内容是一名波兰工人在第 10 次高中同学聚会上与采访者聊天，旁白是这名工人描述他在接受采访时的所思所感。事实上，无论是录像带还是随后的录音带翻译，研究者都精心准备了两个版本。在**录像带**中，由一名演员简单地表达他的真实悲喜感受（学生可通过观察演员真实的表情、姿势和手势来猜测其感受）；在**录音带**中，则由计算机声音讲述演员的悲喜之情（关键是音频不得包含任何语音之外的线索，即不得提供任何有关工人真实感情的节奏、重音、音速、音高和振幅信息）。

录音带的制作：目标人物（录像中的人物）的真实感受。研究者聘请了一名女大学生作为演员录制录音带（使用女声是为了让被试可以清楚地分辨出自己听到的是计算机发出的声音，而不是录像带上出现的男士的声音）。这位女演员竭尽全力模仿计算机的声音——她的声音始终平淡，如机器般毫无情感。在一半的时间中，计算机声音称在初始采访期间他非常开心，另一半时间则非常伤心。研究者精心设计了针对目标人物的评价内容，使这些声音与关于波兰工人的影片配对，无论工人的表情是开心还是伤心都显得非常合理。在快乐条件下，录音带称：

> 我对自己看电影时的表情感到惊讶，虽然我看起来并没有那么开心，但实际在拍摄时却非常高兴。同学聚会真的非常开心，我告诉采访者遇到了许多老朋友，我们一起谈论了自高中毕业以来的生活如何越来越好，家庭如何幸福，对未来如何充满希望。同学会上我玩得很开心，接受采访时也很高兴。

在悲伤条件下，录音带称：

> 我对自己在看电影时的表情感到惊讶，虽然我看起来并没有那么悲伤，但实际在拍摄时却非常难过。同学聚会真的很不愉快，我告诉采访者遇到了许多老朋友，我们一起谈论了自高中毕业以来的生活如何走下坡路，家庭如何悲惨，对未来如何绝望。同学会上我觉得很糟糕，接受采访时也很难过。

录像带的制作：目标人物的真实感受。录像带的内容是对一名男子的访谈，他讲述了一生中最快乐或最悲伤的事。他自发的面部表情和手势清晰地传达了其感受。

通过合并两段音频和两段视频，研究者共制作了四个录像带（见表 3.1）。他们要求被试看完一盘录像带后做出两项评估：（1）猜测**目**

标人物在影片拍摄时的快乐程度；（2）报告**自己**在观看影片时的快乐或悲伤程度。结果证实，被试的**想法**和**感受**是两码事，分别受不同信息的影响：被试对目标人物情绪的评价最受后者自述的影响，其次受其感官证据（即面部表情）的影响；被试自身的情绪则受目标人物自述和后者实际情绪表达的影响。

表 3.1　四个合成采访录像带的组合

	目标人物对自己情绪的评价	目标人物实际的情绪/表情
1	快乐	快乐
2	快乐	悲伤
3	悲伤	快乐
4	悲伤	悲伤

资料来源：Hsee et al., 1991b.

治疗师早已知晓，他们需同时依赖有意识的分析技巧和自己的情绪，这样才能时时察觉来访者的感受。前述研究表明，这两种信息都为个体了解他人情绪提供了独特而有价值的信息。在某种程度上，治疗师必须重视来访者对其内心世界的描述（只有来访者才能引导治疗师了解其情感世界），但不只限于此。有时，来访者并不知道或不愿意承认其感受。此时，如果治疗师能意识到情绪具有传染性，他的情绪可能会受来访者每时每刻、或多或少无意识的情绪表达的影响——如来访者稍纵即逝的面部表情、歪头方式、优雅的手势、语调和腔调、措辞的尖锐程度——那么治疗师就可借此给自己了解来访者的内心提供额外的信息来源。

治疗师的期望会微妙地影响情绪传染吗？

如果治疗师能用自己的情绪引导来访者的情绪，那么自然会遇到一个问题，即如何区分从来访者那里吸收的情绪和对这些情绪的反应。例如，治疗师可能会担心，自身之"欲见"会影响其之"所见"。

社会认知研究已表明，期望**的确**会影响感知（Goldfried & Robins, 1983; Hirt, 1990; Markus, 1977; Swann & Read, 1981; Wilson, 1985）。我们的信念会影响我们关注和实际记忆的信息类型（Snyder, 1984）。我们倾向于仔细处理与自己信念一致的信息，而忽略那些不一致的信息（Jelalian & Miller, 1984）。

内野等（Uchino et al., 1991）评估了治疗师的期望在形塑来访者情绪反应上的作用：治疗师"复现"的是他们**认为**来访者一定会感受到的情绪，还是来访者**实际**感受到的情绪？为了回答这个问题，研究者告知夏威夷大学的学生，他们将看到快乐或悲伤或不知道情绪的目标面孔。在被试看到一系列快乐或悲伤的目标面孔后，研究者以两种方式对他们的情绪反应进行评估：首先是被试自己评估在观看这些面孔时的快乐或悲伤程度；其次是对被试在观看目标面孔时的表情进行秘密录像，再由评分员通过观看录像带对被试表情的快乐或悲伤程度进行评估。实验结果表明，被试的预期不会影响情绪易感性：无论被试期望看到什么，他们都能复现目标人物实际表达的情绪。

治疗师知道情绪会传染，但有时也会忘记这一点。欧文·亚隆（Irvin Yalom, 1989）在《爱情刽子手》一书中曾描述了一个令人沮丧的案例。男主马文退休后不久就常常噩梦缠身。一次，他梦见了维多利亚时代的殡仪员：

> 两名男子身材高大、面色苍白，非常憔悴，在一片漆黑的草地上沉默前行。他们一身黑衣，戴着黑色高礼帽，身着长尾大衣、黑色长裤和皮鞋。……突然，他们来到一辆乌黑色的马车前，里面有一个裹着黑色纱布的女婴。（p. 242）

他梦见脚下的地面都液化了，并患有严重的偏头痛和阳痿。治疗师起初的结论是，这些症状出现的原因是马文刚退休：他对不可避免的死亡产生了"存在性焦虑"。但马文的妻子菲利斯的出现，却说明了这

97

一解释实在过于肤浅。

但菲利斯对"为什么是现在"给出了更多解释。

"我相信你知道自己在说什么，关于退休马文一定比自己意识到的更为不安。但老实说，我对他的退休也感到不安——这也会让我对任何事情都感到不安，马文也会因我而感到不安。我们就是这样：如果我担心，即使完全沉默，他也会感觉到并变得心烦意乱。有时他变得心烦意乱，就会带走我的不安。"（p. 266）

精神病患者

童年时期遭受过严重虐待、大脑受损或有遗传缺陷的人可能会对他人的感受极不敏感。

有研究（Harlow & Harlow, 1965）提供了令人印象深刻的证据：如果将猴子与母亲和同伴隔离 6 ~ 12 个月，它们就会永远失去建立社会关系的能力。出现在其他猴子面前，它们首先会感到恐惧，然后变得有攻击性。米勒（Miller, 1967）发现，隔离饲养的小猴子永远不能将自己的痛苦和苦难传达给其他猴子。因此，当它们被电击时，被隔离的猴子和正常饲养的猴子都不会伸出援手。被隔离的猴子同样无法读懂其他猴子的感受，因此尽管它们能学会自救，却永远学不会救助同伴。

司法心理学家观察到，变态杀人狂有时对受害者的情绪麻木不仁。连环杀手的随意反应常常让记者、调查人员和陪审员感到震惊。加里·吉尔摩（Gary Gilmore）在死牢里接受过拉里·席勒（Larry Schiller）的采访，这位富有同情心的记者试图了解加里为何随意杀人，并提出一些可能的原因：

我相信你经历了很多困境。……你陷入了麻烦，性情暴躁，不

耐烦，但你并不是一个杀手。一定是某些情感、情绪或事件，把你 98
变成了那个杀死詹森和布什内尔的人。（Mailer, 1979, p. 934）

吉尔摩冷冰冰地回答道：

> 我一直就有杀人的本事。……我也有自己不喜欢的一面：对别
> 人完全没有任何感情。我知道自己在做一些极其错误的事，尽管如
> 此，我还是可以继续去做。（p. 934）

作为一对表兄弟，安杰洛·博诺（Angelo Buono）和肯尼·比
安奇（Kenny Bianchi）曾绑架、折磨并奸杀了多名年轻女性。审讯
期间，这两名连环杀手冷酷无情地讲述了他们是如何实施酷刑的。例
如，他们这样描述对莉萨·卡斯汀（Lissa Kastin）的"玩弄"：

> 谋杀过程和以前一样，只是安杰洛增加了一个新环节。先将绳
> 索拉紧，然后再松开，将她带到死亡边缘，然后再拉回来，反复几
> 次。我们沉迷于这种绝对的力量。（O'Brien, 1985, p. 48）

对于这种对受害者毫无感情的态度，审讯员弗兰克·萨莱诺
（Frank Salerno）和彼得·芬尼根（Peter Finnigan）感到十分震惊：

> 对于肯尼讲述的每个杀人细节，萨莱诺和芬尼根都得极力掩饰
> 自己的反感，但肯尼好像在谈论午餐吃了什么一样平淡。他的声音
> 冷酷无情，反复说着"朱迪·米勒"；他把音节连在一起发声，漠
> 不关心，完全置身事外，就好像那女孩只是一件东西，一件无关紧
> 要的玩具——这令人不寒而栗，也无法理解。（O'Brien, 1985, p. 285）

然而，有一位年轻女性——维罗尼卡·康普顿（Veronica
Compton，编剧兼诗人）——竟然认为连环杀人案的想法会引发性兴
奋和浪漫之情：

他［肯尼·比安奇］向她吐露，自己对杀过这么多女人感到自豪。他说他相信活在当下，理想是与大自然融为一体，像丛林野兽般自由。她则想知道：随意挑选女孩并发生关系，再将其杀死，是种什么感觉？

99

肯尼说："这就像小孩子走在街上看到所有的糖果店，可以进去任意挑选想要的糖果，还不用付钱。你想做什么就做什么，这是最棒的。"

他们讨论了连环杀人的乐趣。维罗尼卡建议两人共度余生，杀几十个人，将尸体放在地下室，然后一起自杀。她说："我知道我们可以做什么，切下他们的器官，收集阴道、阴蒂和阴茎，把它们放在瓶子里，再拿出来看！"（O'Brien, 1985, p. 309）

康普顿、博诺和比安奇并非没有感情，他们对别人的痛苦感到愉悦，却没有分担受害者的痛苦。权力带来的内在"快感"压倒了这些怪物身上的一切情绪传染可能。

人们对焦虑、抑郁或愤怒的反应

当你微笑

当你微笑

世界与你一起微笑。

——摘自流行歌曲《当你微笑》

人们很容易爱上开朗热情的人。历史学家杰弗里·沃德（Geoffrey Ward, 1989）在《一流的气质》一书中提到富兰克林·罗斯福总统极富感染力的热情，并讲述了指挥官威尔逊·布朗（Wilson Brown）对年轻的罗斯福参观其驳船的回忆：

我至今还能看到，这位新来的准助理国务卿像运动员一样从容不迫地走下跳板，走向俱乐部的花车。罗斯福先生身材高大……面带微笑，散发着活力和友善。

……一登上驳船，[罗斯福]立即表现出对水上活动的驾轻就熟。在驶往海军码头的途中，他并没有像人们想象的那样安静地坐在船尾的座位上，而是从船头走到船尾。从舵手室到船舱，对船上的每个地方都赞不绝口。即使船尾激起的尾浪溅了他一身水，他也只是低头笑了笑，并指给同伴看船如何娴熟地驶过波浪。几分钟之内，他就赢得了船上所有人的心，就像在以后的岁月里，他赢得了他所登上的每一艘船的船员的心。……他的热情极富感染力。（pp. 221-222）

当然，焦虑同样具有传染性（见图 3.2）——正如毛姆在与精神紧张的亨利·詹姆斯会面时发现的那样：

当毛姆与詹姆斯夫妇共进晚餐后……詹姆斯坚持送他到街角，在那里毛姆可搭乘电车返回波士顿。毛姆认为，詹姆斯这样做不仅仅是出于礼节，因为"在詹姆斯看来，美国是一个奇怪且可怕的迷宫，如果没有自己的引导，我注定会迷路"。

……电车快到了。詹姆斯担心它不会停下来，所以在电车离他们还有 0.25 英里①远的时候就开始拼命挥手。他急切地催促毛姆快速跳上车，还告诉他要小心，否则会被车拖着走，即使不被撞死，也会擦伤或撕裂。毛姆告诉詹姆斯，他已经很习惯搭乘电车了。詹姆斯却说，美国的电车可不一样，它的野蛮和无情超乎你的想象。詹姆斯的焦虑传染给了毛姆，当车停稳后，毛姆跳了上去，觉得自己奇迹般躲过了一次重伤。他回头一看，只见詹姆斯迈着小短腿站在路中间，仍在注视着电车，直到他渐渐消失在视野中。（Morgan, 1980, p. 167）

----

① 1 英里约合 1.6 千米。

　　我们喜欢与开朗的人在一起，这并不奇怪：这些人本身就很有吸引力，而且我们往往会受其情绪影响。在我们的来访者中，曾有一位腼腆而略显忧郁的日本女性，她会去密尔斯学院找些"非常活泼"的朋友。她发现："不知怎的，我总是能吸取别人的能量。"大量临床研究表明，情绪亢奋、抑郁、焦虑和愤怒的人能对周围人产生影响。从这些研究中，可以找到情绪传染的证据。

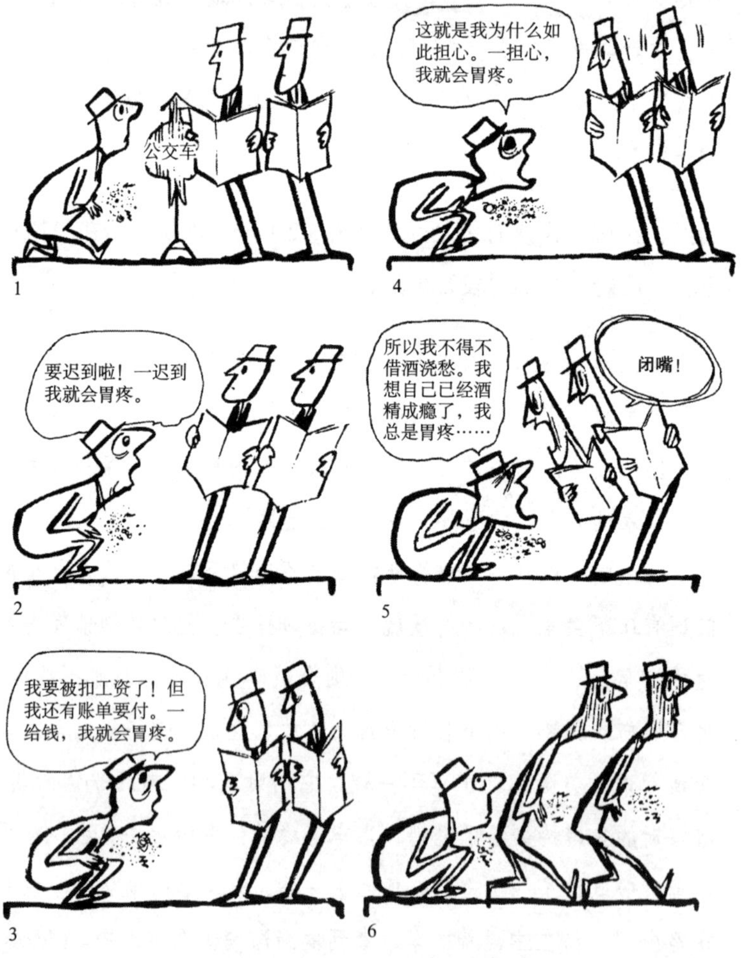

图 3.2　莱尔斯·费弗的漫画

资料来源：Jules Feiffer, Introduction to *Jules Feiffer's America: From Eisenhower to Reagan*, by Jules Feiffer, edited by Steven Heller.

一个人无法遗世独立，但他的悲伤可传染给他人。

——安托万·德·圣埃克苏佩里

詹姆斯·科因（James Coyne, 1976）曾邀请男女被试参与一项关于"相识过程"的研究。被试只需给俄亥俄州的一名女性打电话，并与她聊 20 分钟。他们事先并不知道这位与自己聊天的女士是否患有抑郁症。研究发现，与抑郁者打电话是有情绪代价的：当交谈中觉察到该女性很悲伤、虚弱、消极、低落后，被试也会变得抑郁、焦虑、充满敌意，且不愿意再与她交谈。而与不抑郁的女性交谈的被试就不会产生这种不愉快的反应。

豪斯等（Howes, Hokanson, & Lowenstein, 1985）考察了人们对抑郁者的反应。他们为佛罗里达州立大学的新生分配了一个室友。在进入大学前，学生先进行一次贝克抑郁量表测试，在与新室友一起住三个月后进行再测。结果发现，那些被分配到与轻度抑郁室友同住的学生变得越来越抑郁。这些研究结果有些令人不安，这说明医生、护士和教师陷于抑郁而极度脆弱之时，可能会将这种消极影响传染给他们的工作对象。

小说家玛格丽特·德拉布尔（Margaret Drabble, 1939/1972）描绘了与抑郁症患者打交道的不易之处：

> 餐后，布赖恩松夫人立刻回到床上。她对生活缺乏兴趣，这影响了所有人：这是一种病，一种霉菌，连陌生人都感到压抑。西蒙注意到，就连克里斯托弗也差不多放弃了她，尽管他吃饭时还勉强挤出几次微笑。……她一离开，其他人立刻都高兴起来。(p. 312)

有时，人们会低估情绪易感性。有些人觉得小时候辜负了父母，决心"回家"过圣诞，补偿父母。他们计划长途旅行，回到父母家。但是一旦到了那里，事情可能只会顺利一两天，之后就发现自己的决心逐渐消失，重新陷入旧的家庭模式。他们变得暴躁，对父母大喊大叫（"别告诉我要好好过，我自己会看着办!"），并 / 或变得沮丧，无法从床上爬起。离开时，他们又觉得自己造成了更多的伤害，对父母的亏欠甚至比以前还多。薇薇安·戈尼克（Vivian Gornick, 1987）详述了她与母亲之间的一次典型交流过程，虽然两人的出发点都是好的。

那片空间从我的额头中间一直延伸到腹股沟。它宽窄不一，宽至我的整个身体，窄到像墙上的一条细缝。当思维活跃或清晰时，它会绚烂地扩展开来；当焦虑和自怜汹涌而来时，它就会迅速缩小。当空间宽阔，我完全占据它时，我会感受空气与光线。呼吸缓慢均匀，平静而兴奋，不受任何影响和威胁，没什么能扰乱我。我是安全的、自由的。我在思考。当我失去思考能力时，边界就会缩小，空气就会污浊，光线也会模糊。一切都变成蒸汽和雾气，令我呼吸困难。

今天充满了希望。无论我去哪里、我看到什么、我听到什么或触摸到什么，那片空间都在扩张。我想思考。不，我是说今天真的想去思考。这个愿望可用"专注"一词来表达。

我去见母亲。我在飞翔！我想给她一些从内心迸发的光辉，将我活生生的幸福传递给她。因为她是我最亲近的人。此时此刻，我爱所有人，自然也包括她。

"哦，妈妈！我今天过得真开心。"我说。

她说："告诉我，这个月的房租交了吗？"

"妈，听我说……"我说。

她说："你给《泰晤士报》写的那篇评论，他们肯定会付你钱吗？"

"妈，别说了。让我告诉你我现在的感受。"我说。

"你为什么不穿暖和点？"她大喊道，"都快冬天了！"

里面的空间开始闪烁，墙壁向内坍塌。我感到喘不过气来。我对自己说，慢慢咽口水。我对母亲说："你可真会说话，你真是太有才了，我都快被你呛死了！"

但她不明白。她不知道我在讽刺她，也不知道她在抹杀我。她不知道我把她的焦虑当作自己的事，也不知道我被她的抑郁击垮了。她怎么会知道这些？如果我告诉她，她这种无视我的存在的态度让我感到窒息，她就会睁大眼睛不解地看着我，这个 77 岁的"小姑娘"就得怒吼："你不明白！你从来就不明白！"（pp. 103-104）

在这种情况下，如果人们能够意识到得付出多大努力才能既表现得体又不被卷入焦虑、愤怒或抑郁的漩涡，事情或许还有转机。人们每天通常只能保持一两个小时的最佳状态，之后就必须休息。在重新充电后，也许可祈祷事情能够顺利地……再持续一两个小时。

❖ 社会心理学研究

跨文化研究：癔症的传染

情感、情绪和想法像微生物一样有强传染性。

——古斯塔夫·勒庞

大众无法吸收纯粹真理，他们只能被传染。

——亨利－弗雷德里克·阿米尔（Henri-Frederic Amiel）

古斯塔夫·勒庞（Gustav Le Bon, 1896）等早期社会学家引发了人们对"群体心理"和人群"狂热"的兴趣。在维克多·雨果（Victor Hugo, 1831/1928）的《巴黎圣母院》中，我们也可看到把群体心理视为单一邪恶实体的观点。

> 在那一天［主显节和愚人节］要进入这座大殿并不容易，尽管它当时被誉为世界上最大的房间。对于窗外的观众来说，庭院里挤满了人，仿佛一片人海，五六条街道就像许多河流的河口一样，向其中倾泻着人流。……人们的叫喊声、笑声以及成千上万双脚的践踏声产生了巨大的噪声和喧闹声。……（p. 12）

> 人越来越多，水涨船高般，沿着墙壁向上涌，涌向柱子周围，遮住了横梁、檐口，建筑的所有突出部分和雕塑的浮雕。因此，这是疲倦、不耐烦、放纵的一天；锐利的肘部或钉鞋引起的争吵以及长时间乏味的等待，都给推搡拥挤到几乎窒息的人们的喧闹增添了尖锐、粗暴的意味……（p. 16）

> 此时，十二点的钟声敲响。

> "啊哈！"整个人群异口同声地说……随之而来的是一片寂静，每个人都伸长脖子，张大嘴巴，眼睛紧盯着大理石桌子，但什么也没看到。……

> 他们等了一、二、三、五分钟，一刻钟，但什么也没出现，舞台上一个人影也没有。此时，不耐烦变成了恼怒，愤怒的话语在人群中传开。起初的确是低声细语，但渐渐开始轻声嘟囔着："开演圣迹剧吧！开演圣迹剧吧！"[①]一场还只是在远处隆隆作响的风暴开始在人群中积聚。让·杜穆兰点燃了第一次火花。

> "立即揭晓谜底！……或者，我建议，应该以戏剧中那种合乎

___

① "圣迹剧"为欧洲宗教戏剧的一种，主要表演内容为圣徒的生平及殉道故事等。

道德审判的方式绞死宫殿的法警。"

"说得好！"人们喊道，"让我们从绞死法警开始！"

……四个可怜的家伙脸色苍白，面面相觑。人群朝他们移动，将他们与人群隔开的脆弱的木栏杆已经被人群压弯。

关键时刻到了，四面八方响起"把他们推下去！"的喊声。（pp. 21-23）

雨果还描述了在狂欢者竞相做出滑稽的表情时，人群中兴奋而轻浮的情绪。

106

做鬼脸开始了……第二个、第三个龇牙咧嘴的表情接踵而至，一个又一个——接着是加倍的笑声、跺脚声和欢呼声。人群陷入了一种疯狂的陶醉，一种超自然的迷恋……各种表情，从愤怒到淫荡；各个年龄……就像一个人类万花筒。

狂欢愈演愈烈……大礼堂成了喧闹和欢乐的大熔炉。每张嘴都在呐喊，每只眼睛都在闪烁，每张脸都变得扭曲，每个人都在摆姿势，一片号叫和咆哮……幸运的愚人教皇凯旋……人群立刻认出了他……异口同声地喊道："是敲钟人卡西莫多！"……他们的掌声经久不息。（pp. 46-50）

此后，社会学家对不同社会的癔症传染过程进行了探索。曾文星和徐静（Tseng & Hsu, 1980）将大众癔症定义为

一种社会文化心理现象，即一群人在短时间内通过社会传染集体表现出的心理障碍。（p. 77）

例如，马来西亚自古以来存在流行性的癔症。农村中学生经常陷入歇斯底里的大笑和抑郁之中。1971 年，30 名学生突然神志不清，时而大笑，时而大叫。政府当局得出结论认为，这些人被恶灵附体，

以惩罚他们曾在一个神庙（*keramat*）那里祈求四位数的彩票中奖号码，但没有提供献祭。政府请来了马来原住民治疗师（*Bomohs*），举行祭祀和大规模祈祷，安抚了被冒犯的灵魂，这种传染性的笑声才停止。不幸的是，当地报纸大肆报道这一突发事件，因此这种癔症迅速蔓延到附近的学校（Teoh, Soewondo, & Sidharta, 1975）。

东非的许多部落成员也曾为歇斯底里的笑声和哭声所感染（Ebrahim, 1968）。例如，新几内亚高原地区的一些移居者常陷于无法控制的愤怒、眩晕和性行为之中（Reay, 1960）。1973 年，新加坡一家大型电视机厂的工人突然变得歇斯底里。有些人癫痫发作——陷入恍惚状态，尖叫、哭泣、出汗、剧烈挣扎（挥手、乱踢）。更多的人受到惊吓，也抱怨头晕、麻木和昏厥。医生给工人注射了安定和氯丙嗪，并送他们回家。他们平静了下来，但癔症很快蔓延到其他工厂（Chew, Phoon, & Mae-Lim, 1976）。

曾文星和徐静（Tseng & Hsu, 1980）认为，人有压力时最易为癔症所感染。这种行为能帮助他们解决某些文化难题。集体情绪爆发可能会给人们的单调生活带来乐趣和刺激，有助于表达积压已久的怨恨，使文化的作用"暂停"（time-out），让自己从普通生活中解脱出来，并帮助他们适应新文化（比如在宗教皈依过程中所发生的）。[感谢洛伊斯·山内（Lois Yamuchi）分享这方面的研究。]

大规模癔症不仅发生在第三世界国家和"原始"部落。小说家凯瑟琳·安·波特就对现代形式的癔症非常感兴趣，她的传记作者这样写道：

> 虽然波特在公开场合表示她所在的得克萨斯州是一个坚定的新教区，从未被"小中产阶级清教主义"玷污——"那些认为饮酒、跳舞、玩牌和通奸没有区别的小中产阶级清教徒还没有完全占据上风"——但私下里她也承认，那里"到处都是禁酒极权主义者，他

们认为除了呼吸之外的所有人类活动都充满罪恶"。

这种氛围深深地影响了她,她一直为一些童年记忆所纠缠——如祖母壁橱里的红衣怪物(魔鬼的化身),复兴集会上"歌唱、祈祷、呐喊、眼泪和神圣的喜悦",以及为忏悔的罪人准备的哀悼席。她还记得一位老太太……从聚会中走出来时非常激动,把银烛台扔来扔去。这种场合让波特对群众的癔症产生了浓厚兴趣,并成为她了解政治和宗教狂热的试金石。在柏林看完纳粹集会后,她说这让她想起了卫理公会的复兴大会。(Givner, 1982, pp. 184-185)

奥逊·威尔斯广播的赫伯特·乔治·威尔斯的《星际战争》曾引发全美恐慌。约有 3 200 万美国人收听了哥伦比亚广播公司(CBS)1938 年 10 月 30 日的广播。很多人给家人和朋友打电话,警告他们要防范来自火星的袭击,或跪地祈祷,或带着家人毫无目的地开车逃跑,却不知道要逃去哪里(Cantril, 1940)。

人群、族群或帮派中起作用的是大众心理,这是一种不够精细、没有同情心、本质上未开化的心理。

——罗伯特·林德纳(Robert Lindner)

1962 年,克尔克霍夫和巴克(Kerckhoff & Back, 1968)目睹了一个戏剧性事件。(下午)六点新闻的头条报道称,蒙大拿州米尔斯暴发了一种神秘的传染病:

因为有种神秘的疾病,今天下午蒙大拿州米尔斯的官员关闭了斯特朗斯维尔工厂。

根据斯特朗斯维尔综合医院的最新报告,至少有 10 名女性和 1 名男性入院接受治疗,症状是严重恶心和全身溃烂。

据了解,今天从英国运抵工厂的一批布料中存在某种昆虫,目前认为这种虫子是疾病暴发的原因。(p. 3)

这种神秘的疾病很快在全厂蔓延开来。几周内，全厂965名员工中就有59名女性和3名男性患上了这种疾病，表现为恐慌、焦虑、恶心和乏力。政府派遣美国公共卫生署传染病中心的专家和大学的昆虫学家前来应对这场危机。他们用吸尘器在偌大的纺织厂寻找昆虫，总共捕获了一只黑蚂蚁、一只家蝇、几只小飞虫、一只小甲虫和一只螨虫（恙螨）。除此之外，他们还对工厂进行了熏蒸消毒。最后，科学家得出结论：引发传染病的是癔症。

为了找出哪些工人容易为癔症所感染以及其中的原因，克尔克霍夫和巴克对患者、未感染者和目击者进行了一系列访谈，并研究了相关医疗记录，最后得出以下结论：

1. 如果工人在"传染病"发生时处于严重压力之下，那么他们最有可能染上这种"疾病"。如果女性的婚姻出现问题，需要负担家庭的经济责任，在"传染病"发生时感到受困、过度劳累和精疲力竭，那么她们最容易被传染。缺乏应对技能的工人尤其容易被传染。处于压力之下但还"没奢侈到可以生病"的女性不大可能被传染，而工作有保障的女性会很快被传染。非常需要一份工作、对自己的能力没信心、努力工作、认为必须不惜一切代价保住工作，以及担心被解雇的妇女不大可能被传染。

2. 6名初始感染者中有5名是离群索居的人，他们有"神经过敏"史和晕厥史。但在恐慌蔓延后，那些与"感染"工人有密切情感联系的人最有可能被传染；相反，因缺少与感染者的情感联系，外群体女性、离群索居者或局外人（黑人、新来的工人或者工作岗位与感染者相距甚远的人）则不太可能被传染。事实上，这样的妇女很少受传染病的影响，甚至对传染病是否存在感到怀疑。

模仿症

人类学家曾在北亚地区观察到"北极癔症"（arctic hysteria）或

"模仿症"（mimicry mania）。例如，恰普利茨卡（M. A. Czaplicka, 1914）就总结了几份报告：

> 在维伊河中游的一个村庄里，马克［Maak, 1883］认识了许多患有常见病的雅库特妇女，其症状为模仿旁人的所有动作和言语，而不管其含义如何，有时这些动作或言语甚至相当淫秽。

> 乔基尔森［Jochelson, 1900］在雅库特旅行的早期，对这样一个事实印象深刻：当他在某些村庄（住着圆顶帐篷）停留时，不会说俄语的妇女们会用蹩脚的语言重复他和同伴所说的话。他用严厉的眼神表示不悦，对方却告诉他不要介意，因为这些妇女只是模仿症患者（*omüraks*）。

> 无意识的视觉暗示还表现在，当年轻人开始跳舞时，所有村民（甚至是最年长的人）都会跟着一起跳。乔基尔森报告了这样一个例子：一位无法独自站立的老妇人也站了起来开始跳舞，在没人搀扶的情况下一直跳到筋疲力尽后才倒下。（p. 810）

> 普里克隆斯基［Priklonski, 1890］记录了雅库茨克地区的一些模仿症案例。一个是维尔霍扬斯克的理发师，另一个则发生在阿穆尔的一艘汽船上，船上所有人都在取笑一个 *merak*（指患有 *amülrakh*[①] 的病人）。他们假装往水里扔东西，这个 *merak* 也把所有财产都扔了进去。第三个案例发生在勒拿河畔的奥廖克明斯克。这位患有癔症的妇女平时非常谦虚，甚至有些害羞。在癔症发作期间，她被一群人折磨，这些人做着下流的手势，而她也模仿这些手势。普里克隆斯基还引用了对这种疾病很感兴趣的卡申医生向他讲述的一个小插曲：有一次，在外贝加尔哥萨克第三营（一个完全由

110

---

① 当代英文一般写成 *amurakh*，指见于西伯利亚妇女（但据原文，此处的 *merak* 为男患者）、与其文化相关的模仿他人言语或行为的症状，即这里的模仿症。可参见美国心理学会的相关解释：https://dictionary.apa.org/amurakh。

当地人组成的兵团）的阅兵式上，士兵们开始重复指令。上校很生气，对着士兵破口大骂；但他骂得越凶，跟在他后面重复指令的士兵就越多。（p. 313）

宽慰情绪同样可传染。莱尔·沃森（Lyall Watson, 1976, p. 132）描述了一个印度尼西亚男子的案例，他每月都会发狂一两次。他会突然被幻觉攫住，在村子里狂奔，眼睛瞪得大大的，头发都竖起来了。在寺庙里，他时而大喊大叫，时而惊慌失措地乱砍乱打，时而蹲在地上痛苦地呜咽。最后，他的情绪耗尽。在突如其来的一段寂静后，

努姆站在海滩上看着人群。他试探性地笑了笑，人们也回以微笑；努姆咯咯地笑了，人群中也有回应声；努姆咧嘴笑了，人们也眉开眼笑；努姆放声大笑，笑声高亢而颤抖，仿佛这是他从未尝试过的。……然后，他爆发出一阵大笑声，这声音如洪流般涌出，突然所有人一起笑了起来，他们互相搀扶，在沙滩上踉跄地走来走去，成群倒下，笑得眼泪都流了下来。（p. 132）

实验社会心理学证据

路易十六在面对愤怒的暴徒时说："我会害怕吗？先摸摸我的脉搏吧。"因此，一人可能非常憎恨另一人，但在其身体状态受影响之前，不能说他是愤怒的。

——查尔斯·达尔文

社会心理学领域关于情绪传染的最著名研究莫过于沙赫特和辛格（Schachter & Singer, 1962）的经典研究。他们认为，身心因素都对情绪体验有重要作用：认知因素决定了感受到的具体情绪；ANS唤醒水平决定了情绪强度。当被唤起时，人们会寻找合适的标签来描述感受，对情境的快速评估则能为感受贴上某类标签。有趣的是，

托马斯·曼（Thomas Man, 1969）在小说《魔山》中，曾描述过汉斯·卡尔斯托普对他认为预示肺结核之症状的反应，这其实已预见了情绪与身体症状之间的联系（实际上，卡尔斯托普无疑是在瑞士的疗养院里受到了高海拔的影响）。

　　"如果我知道，"汉斯·卡尔斯托普继续说，并像恋人一样将手放在心上，"如果我知道一直心悸的原因——这真的很不安；我一直在想这个问题。你看，人通常在害怕或者期待某种巨大的喜悦时才会心悸。但心脏没有任何原因地、无意识地自发跳动，可以说毫无道理，甚至不可思议。……你不断尝试为它们找解释，使用一种情绪（喜悦或痛苦）作为解释。可以说，这终将被证明是正确的。"（pp. 71–72）

　　沙赫特和辛格（Schachter & Singer, 1962）通过一系列巧妙的实验来验证他们的理论。

1. **操纵生理唤醒**。据推测，人们只有在生理唤醒时才会体验到情绪。因此，沙赫特和辛格的第一步是给一些被试注射药物"Suproxin"（实际上是肾上腺素），这会让人心跳加速、双手颤抖、呼吸加快；其他被试则注射安慰剂。

2. **操纵"恰当解释"**（appropriate explanation）。沙赫特和辛格认为，人们只会感受到适当的感受。如果周围人都很欣快（比如疯狂打水仗），此时感到高兴是恰当的；如果周围人都很愤怒，此时感到愤怒是恰当的。与此同时，如果在诊室里医生让患者描述自己的症状，患者则可能会更多给出生理层面的反馈。因此，在实验的第二阶段，沙赫特和辛格操纵被试对可能经历的任何唤醒的解释。他们将被试分配至以下三种实验条件：（1）在知情条件下，询问被试生理上有什么感觉以及为什么会有这

112

种感觉；（2）在不知情条件下，不向被试解释会有什么感觉；（3）在误知条件下，告知被试会出现与实际情况不同的症状（比如脚麻，身体的某些部位会有瘙痒，出现轻微的头痛）。结果发现，在第一种条件下，被试对即将发生的事情可提出完全合理的解释；而在另外两种条件下，他们未能做到这点，他们不得不从自己的想法和外部环境中寻找线索。

3. **产生情绪**。接下来，主试安排被试处于一种情境中，此时被试在药物或安慰剂起效后很容易体验到欣快或愤怒情绪。在欣快状态下，他们安排被试与一名表现得轻浮愚蠢的演员互动；在愤怒状态下，被试与一名表现得愤怒和怨恨的演员互动。研究假设，只要条件合适，**被试即可复现目标对象的情绪反应**。

4. **评估情绪**。沙赫特和辛格通过两种方式测量被试的情绪状态。首先，要求被试完成标准的自我报告测量，包括欣快或愤怒的程度，以及是否出现过心悸或发抖；其次，观察者从单面镜后观察正在完成测量的被试，并对其欣快或愤怒程度进行评分。

沙赫特和辛格的研究结果支持了他们的双因素理论，即身处适合产生欣快或愤怒情绪的情境**且**生理上已被唤起的被试，最有可能复现同伴的情绪。倘若他们比较保守，他们可以仅对研究数据做出如下解释：

1. 认知和生理因素都会影响情绪。

2. 认知可能**紧随**生理唤醒而产生。

3. 人们可通过观察生理兴奋程度评估感受强度。

若结论仅止于此，那么他们的理论几乎不会受到任何批评。但他们远不止于此，而是进一步提出了许多有争议的论断。例如，他们认为：

1. 认知**总是**在生理唤醒之后产生。

2. 认知和生理唤醒是情绪体验**不可或缺**的两个方面。

3. 情绪之间的神经化学差异并不存在，即使存在也不重要。

4. 对特定的生理唤醒状态可添加**任意**的情绪标签，这只取决于情境。

此后，沙赫特和惠勒（Schachter & Wheeler, 1962）以及乔治·霍曼（George Hohmann, 1966）为情绪的双因素理论提供了更多证据。

当然，20多年后有不少批评者指出了沙赫特和辛格大胆提议中的诸多不足（相关批评参见 Carlson & Hatfield, 1992; 另见 Marshall & Zimbardo, 1979; Maslach, 1979）。但这里我们关心的并非这些争议，而是这一实验为人们确实倾向于复现欣快和愤怒情绪提供的证据，以及有关这一传染过程的运作线索。

此外，社会心理学家还分析了恋爱情境中的情绪传染过程（Snyder, Tanke, & Berscheid, 1977）。明尼苏达大学的学生应邀参加一项关于相识过程的研究。主试引导"准情侣"进入不同房间，以免在实验开始前撞见对方；他们需要打电话才能相互认识。在谈话之前，每位男性都会得到一张女伴的照片以及一些个人信息；但实际上，照片中的人**并非**其女伴，而是另一位或漂亮或普通的异性。然后，主试询问被试对准情侣的第一印象。与漂亮女性配对的男性认为她友善、从容、幽默和社交能力强，而与普通女性配对的男性认为她不亲近、笨拙、严肃和社交能力差。这一结果本不令人意外：众所周知，长相好看的人会比长相普通的人给人留下更积极的第一印象（Hatfield & Sprecher, 1986）。

但令人惊讶的是，在短暂的电话交谈中，男性的期望已对**女性**的行为产生巨大影响。男性会认为其伴侣非常漂亮或很普通；事实上，电话另一端的女性的外表与其期盼的差异很大。但仅仅是一通电话，女性就表现成了男性所期望的样子。打完电话后，主试要求评分者听女性对话的部分录音并猜测女性长相。那些被当作美女的女性很快就表现得像美女一样，异常"活泼""自信""干练"；而那些被认为比较普通的女性很快也开始表现出普通女性的样子，孤僻、没有自信、笨拙。男人的期望现在成为女人的行为。

这是如何发生的？究竟发生了什么？分析男性谈话内容后发现，那些认为自己正与漂亮女性交谈的男性，比那些认为正与普通女性交谈的男性，更善于交际、有性吸引力、幽默、独立、开放、大胆和外向。分配到漂亮女伴的男性也更自在和享受，更喜欢其伴侣，更为主动，更能有效利用他们的声音展示魅力。总之，认为自己的伴侣很漂亮的男性更加努力。毫无疑问，这种行为也促使女性更加努力。如果男性所持有的刻板印象在短短 10 分钟的电话交谈中就能成为现实，可想而知在几年的时间内会发生什么。

115

社会心理学家拉德·惠勒（Ladd Wheeler, 1966）等人发现，群体中的成员最易为他人的笑声（Leventhal & Mace, 1970）、恐惧和恐慌行为（Schachter & Singer, 1962）所传染。惠勒（1966）区分了"真正"的传染（情绪从一个人迅速传递给群体中的其他人）和其他社会影响（如从众、有意模仿和对社会压力的反应）及社会促进。他认为，传染与其他形式的影响不同，因为它需要先前存在接近－回避冲突。他推测，促使个体 X 做出 B_n 行为（比如对吵闹的邻居发火并大喊）的冲动和其内心的约束（不想做出 B_n 行为）之间存在冲突。此时，X 如果看到另一个人 Y 对不考虑他人的邻居大叫，就可很快复现 Y 的情绪，并模仿其敌对行为；也就是说，Y 的行为解除了 X 对邻居敌对情绪的抑制。

下例可说明这一点。伊莱恩·哈特菲尔德刚开始在明尼苏达大学任教时，与埃利奥特·阿伦森（Elliot Aronson）和达纳·布拉梅尔（Dana Bramel）共同教授一门大规模的社会心理学入门课程。教师在大教室里大声讲课，不一会儿一位名叫 A. G. 的学生觉得自己很不舒服，于是站起来费力地重新整理内裤。通常会有几个学生对 A. G. 的行为感到尴尬而咯咯发笑。有一周讲课结束后，三位教授兴致勃勃地开了一个玩笑，猜测 A. G. 的行为有什么寓意。第二周，哈特菲尔德讲课后不久，A. G. 又站了起来，几个学生便开始咯咯发笑，期待着他的下一步动作。伊莱恩惊呆了：上周所有的笑话又浮现在脑海里，她害怕自己也会笑。她严厉地批评自己，试图继续讲课，心想："这太不专业了！当着其他 500 名学生的面笑出声来去羞辱另一个学生，这太可怕了！埃利奥特和达纳绝不会做出如此无情的行为！"伊莱恩看了看埃利奥特和达纳严肃的目光，希望能够控制住自己的笑容——只是埃利奥特的表现并不"专业"：看到伊莱恩试图控制笑声，他的笑泪顺着脸颊流了下来。这实在太过分了。伊莱恩也控制不住地大笑起来，全班同学也跟着笑了起来。只有 A. G. 依然不慌不忙，小心翼翼地从各个缝隙中拽出他那条不听话的内裤。

　　惠勒的情绪传染去抑制模型是情绪传染论的一种有趣形态，它说明情绪传染是各种复杂的社会交往中正常协调作用的有机成分。这一模型提醒我们，社会化会掩盖或抑制情绪传染的正常或基本的行为和认知后果。

　　由此可见，在各种文化中（包括我们自己的文化），人们确实都具有复现他人情绪的倾向。

❖ 历史研究

　　人类远祖是否和现代人一样，对他人的情绪非常敏感，并容易复现这些情绪？理论家对此众说纷纭。在 18 世纪的启蒙运动之前，大多数人并不识字，更没有写作能力，因此历史学家难以回答这类问题。有人认为，情绪敏感性、同情心和共情能力在现代之前是非常稀缺的。劳伦斯·斯通（Lawrence Stone, 1977）在其开创性著作《英国的家庭、性与婚姻（1500—1800）》中认为，即使是在最亲近的家庭关系中，也很少能将自身情感融入他人情感；那个时代的英国人往往表现出"对他人的猜疑和暴力倾向，无法与他人建立牢固的情感纽带"（p. 409）。斯通的论述引发了历史学家和其他学者的热议。那时的人们是否如其所言般疏远，他们的情感是否那般粗鄙丑陋？有历史学家坚持称，工业革命之前的同情心水平比斯通所认为的要高（Gadlin, 1977; Ladurie, 1979; Taylor, 1989）。

伟大的艺术史学家肯尼斯·克拉克（Kenneth Clark）进一步强调，善待他人、情感亲近和温暖是人类历史的新近产物。他将对他人负有的"人道主义"责任视为"19世纪最伟大的成就"——在漫长人类史上，*117* 这仅是一瞬间的事——虽然人们常认为这一观点存在已久。在《文明》一书中，他指出，这其实是一个非常崭新的概念（Clark, 1969）：

> 我们太习惯于人道主义观点，而忘记它在文明早期其实是多么无关紧要。在英国或美国，随便问一个正直的人，人类行为中最重要的是什么。会有五分之一的人回答是"仁慈"（kindness）。但早期圣贤从未提过这个词。如果你问圣方济各生命中最重要的是什么，他会回答"贞洁、服从和贫穷"；如果你问但丁或米开朗基罗，他们可能会回答"蔑视卑鄙和不公正"；如果你问歌德，他会说"活在整体和美好之中"；但从来没人提到过仁慈。我们的先辈没有使用过这个词，也并不看重这种品质。（p. 239）

工业革命之前，大多数人在恶劣的环境中劳作，这种环境导致了早逝、绵延不尽的苦难和对世间存在的黑暗看法，从而抑制了人类生活中友善的发展。看看罗伯特·达恩顿（Robert Darnton, 1984）在《屠猫记》中描绘的近代早期法国农民的生活，就能明白为何来世的承诺对于这些穷人会有如此大的吸引力。达恩顿指出，由于普遍存在产妇因分娩而死和婴儿夭折的情形，家庭人口数量不断减少。在他笔下，17世纪和18世纪早期农村生活的总体情况如下（Darnton, 1984）：

称为"克里斯逊"①的夭折婴儿会被随意埋葬在某个无名的坟茔堆中。父母有时会把婴儿闷死在床上——这是种常见意外，因为主教法令禁止父母与未满周岁的孩子同睡。全家人挤在一两张床上，用牲畜围着自己取暖。因此，孩子成了父母性生活的旁观者。没有人认为他们是无辜的，也没有人认为童年是人生的一个独特阶段，可以用特殊的着装和行为方式与少年、青年和成年明确区分开来。孩子几乎一学会走路就开始与父母一起劳动，一旦到了十几岁就加入成人的劳动大军，成为农夫、仆人和学徒。

近代早期法国的农民生活在继母和孤儿的世界里，他们无休止地劳作，情感残酷，既原始又压抑。但在那之后，人类的境况发生了巨大变化，以至于当代的我们难以想象如何才能在那个肮脏、残暴和短暂的时代生活。（pp. 27-29）

与某些历史学家相比，达恩顿和斯通可能对前现代情感生活的常态方式和简陋程度持有更悲观的看法。但很明显，在1700年之前，几乎没有证据表明仁慈是一种社会标准——同样，在历史上，仁慈也只是"昨天"才出现的。仁慈是一种新理念，要求人们有能力共情他人的痛苦，并体验他人的悲伤。前工业化时代的西方人，是否因早逝的普遍而对他人的苦难麻木不仁，并压抑自己的同情情绪？

无论如何，在许多历史时期，人们对周遭苦难都相当麻木，因而相对而言对情绪传染就具有某种免疫性。例如，1466年在罗马，教皇保罗二世发起了二月狂欢节，这是场在科索路上举行的比赛。这是一条狭窄的带状道路，从人民广场一直延伸到圣城的威尼斯广场。但在我们看来，狂欢节更像是一种野蛮的庆祝活动：

---

① *chrissons*，意为"基督之子"，在此特指未受洗便夭折的婴儿。根据天主教教义，未受洗的婴儿不能葬于教堂的圣地；因此，这些夭折婴儿通常会被随意埋葬在无名的地方——无法通过正式的宗教仪式得到埋葬。

即使在下令中止最野蛮的习俗之后，狂欢节也是魅力与残酷的奇特混合。即使是狂欢节的参与者也存在严重分歧，一方认为狂欢节是天真活泼的场合，另一方谴责狂欢节是假面邪恶的缩影。曾经，小男孩鞭打马匹，骑在马上的人则恶意驱赶驴和水牛；瘸子、驼背者、赤身老人和遭蔑视的犹太人被逼着参与奔跑比赛。（Harrison, 1989, pp. 227-228）

四个世纪后，在同一城市，查尔斯·狄更斯观看了一次公开处决。他报告说，斩首之时，一大群人"数着被处决者脖子上喷出的血滴，以便在彩票上投注这个数字；对此，［狄更斯］自然感到震惊"（Harrison, 1989, p. 325）。在这种情况下，就像私刑、屠猫和断头台一样，传染变得复杂起来！观众虽然无法感受到被砍头者的痛苦，却很可能会感受到周围暴徒的快乐、兴奋和愤怒。正如前例所示，若人们对他人的悲惨遭遇缺乏同情，那么当恐惧、愤怒和仇恨等更粗暴、更狂野的情绪出现时，传染性是相当强烈的。

不幸的是，不只是在现代物质进步开始之前（历史学家通常认为其开始的标志是 18 世纪中期英国工业革命）才可看到暴政、宗教妄想、普遍压迫和集体仇恨是如何摧残人类生存的。在当今时代的各个角落（包括一些闪耀的、先进的和高级的象征西方"文明"的角落），我们已经一次次地见证了外部世界的梦魇如何淹没人类的同情心和情绪敏感性，从而释放出令人恐惧和充满仇恨的瘟疫。试看赫尔曼·弗雷德里希·格雷贝（Hermann Friedrich Graebe）于 1945 年 11 月 10 日在德国威斯巴登宣誓时的证词。

1942 年 10 月 5 日，我参观了杜布诺的建筑办公室。汉堡-哈堡街 21 号的工头于贝尔·门尼克斯（Hubert Moennikes）告诉我，工地附近有枪杀杜布诺犹太人的三个大坑，每个坑长约 30 米，深约 3 米。每天杀害约 1 500 人。暴动发生前，仍居住在杜布诺的全部 5 000 名犹太人都将遭到屠杀。由于枪杀就发生在眼皮底下，他仍然非常不安。

于是，我在门尼克斯的陪同下前往现场，看到附近大约 30 米长、2 米高的大土堆，土堆前停着几辆卡车。乌克兰武装民兵在一名党卫军士兵的监督下将人赶下卡车。这些民兵充当卡车上的警卫，将他们驶往坑中。所有这些人的衣服前后都有规定的黄色补丁，因此可以辨认出他们是犹太人。

我们径直走向这些坑，没有人阻拦。这时，我听到从土堆后面接二连三地传来枪声，从卡车上下来的人（男女老幼）必须在一名手持马鞭或狗鞭的党卫军士兵的命令下脱掉衣服。他们必须把衣服放在固定地方，按鞋子、上衣和内衣分类。这些人没有尖叫，也没有哭泣，他们脱下衣服，以家庭为单位站在一起，互相亲吻，道别，等待站在坑边的另一名党卫军士兵的示意。在我站在坑边的 15 分钟里，没有听到任何抱怨或求饶声。一个大约 8 人的家庭，50 岁左右的一对夫妇带着 1 岁、8 岁和 10 岁的孩子，还有两个 20～24 岁的成年女儿。一位头发雪白的老妇人抱着 1 岁大的孩子，给他唱歌、逗孩子笑，孩子乐得"咕咕"直叫。这对夫妇眼含泪水看着眼前的一切。父亲拉着 10 岁男孩的手，轻声对他说着什么，男孩强忍着泪水。父亲指着天空，抚摸着他的头，似乎在向他解释什么。这时，坑边的党卫军士兵向他的战友喊了几句。后者数了大约 20 人，并指示他们到土堆后面去。其中有我之前提到的那个家庭。我清楚地记得，一个身材苗条、一头黑发的女孩经过我身边，指着自己说："23。"我绕着土堆走了一圈，发现自己面对的是一个巨大的坟墓。人紧紧地挤在一起，互相叠放着，只露出头部。几乎所有人的肩膀上都流淌着头部的鲜血，一些中弹的人还在动，有些抬起胳膊，转过头，表示他们还活着。坑已经填了三分之二，我估计里面已有大约 1 000 人。我在寻找那个开枪的人，他是一名党

117

卫军士兵，坐在坑道狭窄一端，双脚悬在坑里，膝盖上放着一把汤姆枪，抽着烟。这些人全身赤裸，走下在坑的黏土墙上开凿的台阶，爬过躺在那里的人的头顶，来到党卫军士兵指引的地方。他们在死者或伤者面前躺下，一些人抚摸那些还活着的人，低声对他们说话。接着，我听到一连串的枪声。我向坑里望去，看到尸体在抽搐，或者头已经无法动弹地躺在他们前面的尸体上，鲜血从颈部流出。令我惊讶的是，虽然附近有两三个穿着制服的邮差，但我并没有被命令离开。我看到下一批人已经走近，他们下到坑里，与前一批受害者排成一排，然后被枪杀。

……第二天早上，我再次来到现场，看到约 30 个赤身裸体的人躺在坑边——离坑约 30～50 米远。其中有些人还活着，他们直视前方，眼神呆滞，似乎既没有察觉到早晨的寒冷，也没有注意到站在周围的我们公司的工人。一个 20 岁左右的女孩跟我说话，让我给她衣服穿，并帮她逃走。这时，我们听到一辆快车驶来，那是一辆党卫军警车，我赶紧跑回自己位置。10 分钟后，我们听到坑道附近传来枪声。军警命令活着的犹太人把尸体扔进坑里——然后他们自己躺在坑里，等着颈部中弹。

我于 1945 年 11 月 10 日在德国威斯巴登做出上述陈述。我在上帝面前发誓，这绝对是事实。（引自 Arendt, 1962, pp. 1071-1073）

大屠杀是一场仇恨的瘟疫，最终导致德国纳粹有计划地屠杀了600 万犹太人，已成为 20 世纪多重恐怖的核心象征。这一事实之所以如此值得警示，是因为行凶者绝不是一个"落后"的国家。这种事件在任何地方都不能随意发生，更何况是发生在一个对西方文明创造辉煌成就如此重要的国家？例如，在崇高的音乐领域，德国和奥地利为我们带来了 18 世纪初的两位巨匠：巴赫和亨德尔。这两个国家还诞生了 18 世纪晚期的两大奇才：海顿和莫扎特（当今之世，还有人像莫

扎特一样受到如此普遍的喜爱吗？即使对耶稣的崇敬也可能无法与对
莫扎特的崇敬相比）。西方文明在19世纪进入浪漫主义时代，就受到
贝多芬和舒伯特的影响；紧接着，涌现了门德尔松、舒曼、瓦格纳、
勃拉姆斯、马勒等一大批天才。在哲学方面，德国和奥地利为19世
纪的世界带来了歌德、海涅、席勒、叔本华、黑格尔、马克思、尼采
和弗洛伊德等人。但在希特勒的德意志帝国的噩梦中，从何谈起人类
的同情心、同理心和情感共鸣？虽然提及这些问题令人憎恨，但我们
必须从反面注意仇恨和恐惧的传播是多么容易。

122

　　可悲的是，德国并不是唯一一个在20世纪制造了如此规模之恐
怖事件的国家，以至于人们除了生存和躲避折磨与痛苦，所有问题都
变得无关紧要。这个世纪还目睹了两次世界大战、朝鲜战争、越南战
争、君主制和阿亚图拉时期的伊朗、萨达姆时期的伊拉克、种族隔离
阴影下的南非、皮诺切特统治下智利的"失踪者"、北爱尔兰新教徒
和天主教徒的持续互相残杀、比亚法拉的部落屠杀、埃塞俄比亚的饥
荒和犬儒主义、大多数美国城市街头的随机流血事件、各地的恐怖主
义等等。对于数十亿人来说，无处不在的黑暗情绪塑造了20世纪的
生活，这些情绪从病毒迅速发展为瘟疫。

　　历史学家注意到，在许多时代，恐惧、歇斯底里的悲痛和愤怒都
曾席卷人类社群（Rude, 1981）。回顾过去曾发生的大规模情绪传染
的实例，可进一步丰富对这一现象的讨论。

中世纪的舞蹈瘟疫

　　在中世纪黑死病肆虐之后，类似于集体癔症的舞蹈瘟疫曾席卷整
个欧洲。哈罗德·克拉万斯（Harold Klawans, 1990）描述了一种普
遍的"忧伤和焦虑"场景如何将人们"推向癔症的边缘"：

　　　　鼠疫［即臭名昭著的黑死病］于12世纪出现，其后果比其他

119

任何疾病都要严重得多。……这是次史无前例的大流行，如巨浪般席卷欧洲。整个村庄被毁，田地荒芜。不久，饥荒使瘟疫更加严重。鼠疫消退后，人口和经济开始复苏，却有另一波瘟疫袭来。

例如，从 1119 年到 1340 年——总共 221 年的时间——瘟疫在意大利肆虐了 16 次。任何语言都无法完全描述它的恐怖，但目睹这些恐怖的人，生活在那个充满无常、悲伤和焦虑的年代的人，却被推向了歇斯底里的边缘。

就在那时，舞蹈瘟疫开始了，并像传染病般蔓延开来。如今，大多数历史学家将这种现象视为集体癔症。（pp. 236-237）

有作家这样描述发生在 12 世纪的场景（报告自 Hecker, 1837/1970）：

黑死病的影响尚未消退，数百万受害者坟土未干，德国又出现了一种奇怪的幻觉。它占据人的思想，尽管人性本善，但它却将身体和灵魂迅速卷入地狱般的迷信魔圈。它以最奇特的方式激起人体痉挛，令同时代的人惊叹了两个多世纪，此后再也没有出现过。人们称它为圣约翰之舞或圣维特之舞，其特点是醉态的跳跃，即受影响的人跳着狂野的舞蹈，并伴随尖叫、口吐白沫，俨然一副中邪的样子。这种怪病不只是零星发生。整个德国和西北邻国的主流舆论都认为患者视线所及之人都会被传染，它会像流行病一样蔓延开来。

早在 1374 年，在亚琛市有群德国男女聚集在一起，受共同的幻觉驱使，在街上和教堂向公众展示了以下奇怪的景象：他们手拉着手围成圆圈，似乎已经完全失去理智，不顾旁人，持续数小时地野蛮狂欢舞蹈，直到最终筋疲力尽地倒在地上。然后，他们抱怨极端的压迫，呻吟着，似有濒死之痛。他们把腰部用布卷紧紧裹住，然后得以恢复，在下一次发作之前不再抱怨。裹腰是为了减轻痉挛性发作之后的膨胀；旁观者也常以更直接的方式，比如拍打或脚踢受影响的部位来减轻患者的症状。跳舞时，他们既不看也不听，对外部感官刺激没有反应，困于幻觉之中，幻想召唤灵魂，叫喊它们的名字；其中一些人事后声称，感觉自己好像泡在一团血流中，不得不跳得那么高。发作期间，有人看到天堂敞开，见到救世主与圣母玛利亚，映射出当时宗教观念中那些奇异而多样的想象。

在疾病完全发展的情况下，发作开始于癫痫性抽搐。(pp. 1-2)

舞蹈瘟疫从一个城镇蔓延到另一城镇。在科隆，有 500 人加入狂欢；在梅斯，有 1 100 人跳舞。教士试图进行驱魔。还有患者前往法国南部的圣维特墓（Tomb of Saint Vitus）寻求疗愈。帕拉塞尔苏斯（Paracelsus）是 16 世纪的医生和炼金术士，他制定了一种严酷但有效的治疗舞蹈瘟疫的方法：将受害者浸入冷水中，单独监禁并强迫禁食。此后，癔症才开始消退。

对迷信和魅力蛊惑者激发的大规模情绪失控的描述史不绝书（现代银幕和电视布道家则是激发情绪传染的"艺术大师"，就像阿道夫·希特勒等演说家一样）。即使是所谓"理智"的人，也难免会受感染——正如下文"理性时代"的案例所揭示的。

1789 年大恐慌

18 世纪，启蒙运动的**哲学家**倡导科学和理性，反对无知、迷信和暴政。伏尔泰、孟德斯鸠、卢梭和狄德罗等法国作家批判了法国社会传统的法律、道德、等级制度和宗教基础，引领了时代思潮。到 1789 年，法国大部分专业人士和中产阶级都皈依了这些革命思想，积极参与并努力实现必要的法国社会变革。实际上，一些推崇理性的人开始强制社会进行变革。

仇恨和恐怖很快替代了理性和劝说。谣言流传开来，皇室和贵族正在密谋用武力夺取巴黎。人们惊恐地逃离巴黎，沿着乡间小路跋涉逃往法国农村，一路散布谣言说有一支由罪犯和外国人组成、受贵族豢养的雇佣军即将进攻外省。

法国几乎陷入了全民恐慌，而恐惧又滋生出恐惧。地方当局和市民都确信，暴军不只是在途中，而且已兵临城下。这导致地方政府瘫痪，穷人开始武装起来，出现了抢粮暴动，并极大地推动了各省的革命（Bernstein, 1990; Cook, 1974; Headley, 1971; Lefebvre, 1973）。

1789年攻占巴士底狱后，历史学家将之后的岁月称为"恐怖统治"（Reign of Terror）时期。这表明情绪传染的真实历史远远早于实验室研究。

1863年纽约暴乱

1863年炎夏的纽约，是个极端事件频发的城市。南北战争给少数人带来了巨额财富，却使更多的人陷于贫困。战时通货膨胀削弱了穷人的购买力。城市中挣扎的移民人口居住在破旧拥挤的公寓中。移民（尤其是爱尔兰人）对使用黑人来替代罢工的爱尔兰长工感到愤怒。

纽约是个反战城市，本由当地的民主党政治机器控制，但后来输给了全国的共和党"战争派"。该市的民主党媒体和政客巧妙地渲染了这一主题：北方白人工人为解放黑奴而战，而黑奴会争夺他们的工作，从而有损自身的最大利益。

126 在这一背景下，1863年夏美国开始了全国征兵，但新法律允许通过支付300美元免除兵役。这为人们将征兵过程中富人优于穷人、本地人优于移民、共和党优于民主党、国家政府优于地方政府奠定了心理基础。

纽约市首批1 236名应征入伍者的名字出现在早报上。与此同时，北美大陆有史以来伤亡最惨重的战役——盖茨堡战役的伤亡名单也被张贴在城市各处。第二天一大早，男人、女人和男孩手持穷人的武器——撬棍和棍棒在街头窜动。人群迅速形成并不断扩大，他们被愤怒冲昏了头脑。

随后四天失控的暴力事件——包括滥用私刑和焚烧黑人——共造成 119 人死亡、306 人受伤。43 个团的联邦军队不得不驻扎在城市内外，以确保秩序（Church, 1964; McCague, 1968）。

大众传媒时代

情绪传染研究主要关注人际互动的影响；但历史证据表明，情绪传染并不总是需要直接的身体接触或接近。谣言一经扩散，情绪亦随之而起。大众传媒（电影、报纸、广播，尤其是电视）可将情绪传播到其地理边界之外。人们心中的"暴民"形象与他们的愤怒情绪紧密相连，从而导致谋杀、私刑和大规模破坏等失控行为。人们每天会在电视上看到哭泣和愤怒的人群（为巴勒斯坦游击队员或以色列儿童的死亡而哀悼），看到被杀害的领导人和哀伤的追随者，或者看到蔑视和愤怒的反对派。人们会重温约翰·肯尼迪遇刺后整个国家（甚至是整个世界）在周末的哀悼。这些是情绪传染的实例，还是过于复杂、无法贴上单一标签的现象？历史事件无法用实验室实验检验，但它们的确证实了情绪传染的存在，并表明它可能在所有历史时期都曾大规模发生。当代大众传媒的力量可能远远超出人之预估，因为它们不仅能提供信息和娱乐，还能传播情绪。

127

❖ 小结

第一章至第三章呈现的研究支持了以下三个命题：（1）人们倾向于模仿他人；（2）情绪体验受这种反馈的影响；（3）因此，人们倾向复现他人的情绪。本章回顾了来自动物研究、发展研究、临床研究、社会心理学研究和历史研究的证据。这些证据表明，在任何时代、任何社会，人们都会大规模（群体性地）复现他人的情绪。

第四章 ⅡⅡⅡ
情绪传染的能力

❈ 引言

以情绪传染喻之病毒传染，可做如下类比：有人（如伤寒玛丽[①]）天生具有传染性，有人（如马塞尔·普鲁斯特）天生具有易感性。诺曼·梅勒（Norman Mailer, 1979）曾在《刽子手之歌》中介绍了死刑犯加里·吉尔摩的女友妮科尔·贝克（Nicole Baker）。吉尔摩被关进死牢后，妮科尔还曾与另两个男人有过短暂的恋情。妮科尔喜欢汤姆（Tom），因为他能用开朗的情绪感染她；她爱克利夫·博诺斯（Cliff Bonnors），因为**他能与她**内心深处的情感相契合：

> 克利夫很好，他能够随时变换自己的心情以迎合她的心情，他俩可不言一语即**互通**悲伤。她也喜欢汤姆，但原因正好相反。汤姆不是兴高采烈就是忧愁万分，情感强烈到使她忘却自身的心情。他不是个炸药包[②]，而是只满脑肥肠的狗熊，身上总带着一股汉堡包和薯条的味道。他和克利夫长得都很好看，妮科尔虽喜欢他俩，却从不担心会爱上他们。实际上，她喜欢他们就像喜欢巧克力一样。和他们交欢时她不会想起加里，几乎没有。（p. 329）

[①] 原名玛丽·梅隆（Mary Mallon, 1869—1938），因感染伤寒并传染给多人而成为美国历史上最著名的传染病患者之一。
[②] 汤姆的姓是迪纳米特（Dynamite），在英语中有"炸药"的意思。

本章将讨论男性和女性在营造情绪氛围能力上的个体差异，第五章将讨论影响情绪易感性或抵抗力的因素。

❋ 理论背景

> 父亲一开始忧思，就会释放巨大的能量。忧虑的浪潮似从他身上涌出——人们几乎可以看到它像分叉的闪电一样在他的头上打转，穿透小屋的每一个角落。可以想见，母亲并没有被他的心情左右，但我和妹妹很快就屈服了——我们爬到了自己的角落，也开始担心起来。
>
> ——威妮弗雷德·比奇（Winifred Beechey）

无需太多表情、声音或是举动，人们就能捕捉到对方的感受，一如教师对学生、母亲对孩子、法官对审判结果和被告犯罪史的期望均可从其简短的行为片段中加以猜测（Ambady & Rosenthal, 1992）。例如，马伦等（Mullen et al., 1986）发现，在1986年的美国总统竞选中，美国广播公司（ABC）的新闻播音员彼得·詹宁斯（Peter Jennings）在提到里根时比提到蒙代尔时表现出更多的积极情感；而全国广播公司（NBC）的汤姆·布罗考（Tom Brokaw）和哥伦比亚广播公司（CBS）的丹·拉瑟（Dan Rather）在面部表情上并未表现出偏向。研究者随后对俄亥俄州克利夫兰市、密苏里州罗拉市、马萨诸塞州威廉斯敦市以及宾夕法尼亚州伊利市的选民做了电话调查。他们发现，收看美国广播公司新闻的选民比收看其他两个广播公司新闻的选民更有可能将票投给里根。由此可见，彼得·詹宁斯在谈论总统候选人时的表情和语调的细微差别已足以影响观众的偏好和投票行为。

电台选拔播音员的标准之一即在于他们在镜头前的表现力。播音员的情绪高涨，观众的情绪也随之高涨；他们的情绪忧郁，观众也随之忧郁。芸芸众生中，多数人皆能力平平，独有少数人有能力将他人拽入其情绪轨道。他们高兴，笑声便会充满感染力，他们是"派对的主角"；他们情绪低落，就会成为把周围人都拉下水的"拖锚"。为什么有些人比其他人更有情绪感染力呢？这些强大的"情绪发送者"可能至少具有三个特征：

130

假设 4.1：他们必须能感受到（或至少表现出感受到）强烈的情感。

假设 4.2：他们必须能（通过面部表情、声音和/或姿势）表达这些强烈的情绪。

假设 4.3：他们必须对那些与自身情绪不同的人的感受相对不敏感或反应迟钝。

千万面孔竟无一雷同，这真令人诧异。

——托马斯·布朗爵士

正如彼得·詹宁斯无意识影响美国广播公司观众投票行为所展现的那样，一个人的情绪可（通过声音、面部表情、手势或姿势）被社会性感知和传递，哪怕此人并未有此意图。那么，情绪传递背后的过程是怎样的呢？卡乔波等（Cacioppo et al., 1992）指出，生物因素和社会因素是造成情绪表达差异的主要因素。例如，人们在身体特征（如身高、体重、眼睛颜色、头发颜色、皮肤颜色）、心理特征［如社交能力、气质、智力、情绪表达能力和音高（Buck, 1976a, 1976b; Kagan, Reznick, & Snidman, 1988; Plomin, 1989）］，以及更深层次的生理结构［如大脑或心脏的大小、形状和特定位置／方向（Gazzaniga, 1989）］上都有巨大差异。在与维持生命不太密切相关的生理结构中，这种差异更为明显（Anson, 1951; Bergman, Thompson, & Afifi,

1984）。同时，关于面部肌肉表达能力的研究表明，面部肌肉不仅在位置和形态上存在结构性差异，其存在本身也具有个体差异。例如，据估计，分别约有 20% 和 50% 的人不存在用于模仿的眉骨皱肌和脊肌（Tassinary, Cacioppo, & Geen, 1989）。

还有文献支持了生理功能（包括躯体和交感神经反应）个体差异存在的可靠性（Garwood, Engel, & Capriotti, 1982; Kasprowicz et al., 1990; Sherwood, Dolan, & Light, 1990）。**个体定式反应**（individual response stereotypy）泛指因个体特征或个体与环境的交互作用而产生的躯体和生理活动［即因个体的独有评估或应对风格而产生的独特生理反应（Lacey, Bateman, & Van Lehn, 1953; Lacey & Lacey, 1958）］。莱西等曾研究了各种压力测试（冷压预期、冷压测试、心算和单词流畅性测试）对个体 ANS 反应（收缩压和舒张压、皮肤电导、心率、心率变异性和脉压）的影响（Lacey, 1959; Lacey et al., 1963），其结果说明了两点：

1. 个体会在不同任务中表现出一致的生理反应模式。
2. 不同刺激下的个体生理系统存在明显的差异，其反应性有高有低。

马尔默和沙加斯（Malmo & Shagass, 1949），以及莱西等（Lacey et al., 1953）进一步细分了个体定式反应这一概念的层级。他们指出，**个体反应层级**（individual response hierarchy）是指个体对不同应激源的反应的差异，可分为最大激活、中间激活和最小激活三个层级。马尔默和沙加斯（1949）发现，长期抱怨头痛的精神病患者对导致前额区域肌肉紧张的应激源表现出相对较强的反应性，那些长期抱怨心脏不好（如心悸）的患者则在心率及其变化方面的反应性更强。

个体反应独特性（individual response uniqueness）指不同群体（如高血压患者、血压正常者）在反应层级上的差异。例如，高血压患者及其后代比正常血压者及其后代更有可能表现出高心血管反应性（Fredrikson et al., 1985）。

个体反应一致性（individual response consistency）则指这些生理反应模式的跨时间稳定性。莱西夫妇（Lacey & Lacey, 1958）在对儿童应激反应的纵向研究中发现，个体在反应一致性上差异巨大（另见 Fahrenberg et al., 1986），有些人对不同应激源都呈现出高个体反应一致性，而另一些人却几乎没有。

132 在此基础上，卡乔波等（Cacioppo et al., 1992）总结了三个方面的个体差异：（1）控制反应表达的系统增益；（2）控制交感神经反应的系统增益；（3）这些增益参数的稳定性。所谓**系统增益**（system gain），可以收音机为例加以说明。收音机可接收、放大并输出无线电信号，每一环节中的信号放大量即所谓的系统增益。虽然收音机的音量可以调整，但不同收音机每次旋转旋钮所实现的音量变化和最大音量都有差异。卡乔波等认为，在面部表情、手势/姿势和发声反应以及 ANS 反应方面，不同个体的情绪信号放大（或增益）过程同样存在差异。他们还假设，这些差异在一些个体中是稳定的，在另一些个体中则不然。根据这一框架，有一小部分人由于生理机能的特殊性，倾向于在情绪激动的情况下做出强烈、明显和持续的反应；在其他条件不变时，这些人具有较强的情绪感染力，因为他们在情绪情境中特别善于表达。另有一部分人由于**生理特点**，倾向于在情绪激动时做出强烈但**不明显**的反应；他们可能会感到心跳加速，但并未表现出他人可感知的情绪反应迹象。正如沙赫特和辛格（Schachter & Singer, 1962）所指出的（见第三章），这种生理反应仍可增加个人情绪受到他人可见的情绪反应影响的可能性，因此这些人具有强情绪易感性。本章将重点关注个体在面对情绪刺激时的面部表情差异，以及经此传送情绪信息的潜力。

❊ 情绪传染能力的个体差异

表达能力和交感神经唤醒

心理学家已发现，人们体验和 / 或表达情绪的能力存在个体差异。例如，他们为此区分了外化者和内化者、内倾者和外倾者体验 / 表达 133情绪的方式。

外化者和内化者

人格研究者认为，有些人是外化者，有些人则是内化者（Buck, 1980; Jones, 1935, 1950）。**外化者**（externalizers）会在其脸上（外部）显现情绪，却很少表现出 ANS 反应；**内化者**（internalizers）虽面无表情，但其 ANS 反应却描绘着不同（内在）的故事。小说家露丝·佩瓦尔·恰布瓦拉（Ruth Pewar Jhabvala, 1986）在《离开印度》中描述了一位母亲在接近儿子沙米时的犹豫心情。沙米很生气，却不肯承认，他显然可称为内化者。

> 沙米正在收拾行李。他不跟我说话，把头移开，从抽屉里拿出一堆整整齐齐的衣服，平整地装进他的包里。他一直是一个很有秩序的孩子。我坐在他的床上看着他。如果他说点什么，如果他生气了，那倒好办了；他很沉默，但我知道他的心在衬衫里跳得很快。他还小的时候，发生了什么事，他从不哭；但当我把他抱在怀里，把手放在他的衬衫里时，我常常感觉到他的心在他幼小的身躯里狂跳，就像一只待在脆弱笼子里的小鸟。现在，我也渴望这样做，亲自体会他的痛苦。（p.10）

我们可用**泛化者**（generalizers）一词来形容在面部表情和生理上同样善于表达（或缺乏表达）的人。卡乔波等（Cacioppo et al.,

129

1992）发现，外化者在表达能力上的增益相对较高，在交感神经反应上的增益相对较低；内化者则与之相反；而泛化者在表达能力和交感神经活动方面表现出大致相等的增益（另见 Jones, 1950）。

蒂法尼·菲尔德（Tiffany Field, 1982; Field & Walden, 1982）进行的有趣研究也得出了类似的结论，即生理功能（如系统增益）的体质差异导致了表达能力和自主反应的个体差异。他们曾记录新生儿（平均年龄 36 小时）在一系列情境下（比如睡眠中、面部和听觉识别任务中）的面部表情和心率，发现新生儿在面部表情上差异很大，表情丰富的新生儿心率低于相对无表情的新生儿。这项有趣的研究表明，生物倾向是造成表达能力与自主反应的个体差异的因素之一。

这种以某种方式反应的生物倾向**并非**意味着人的个性和行为只受生物学特性的约束。社会和学习过程也发挥重要作用，表现在形成个体的表达能力和生理功能差异以及将这些基于生理的个体差异转化为人格和社会行为方面。较之不善表达的婴儿，表达能力强的婴儿可能情绪更明显，也更容易感染照料者。然而，这种能力能否持续还将取决于一些因素；例如，若表达能力强的婴儿表现出快乐或痛苦的迹象，照料者是否以强化或惩罚的方式回应。据此推断，若不是被社会化过程驯服，表达能力强的婴儿就有可能成为表达能力强的成年人（以及更有力的情绪传染载体）。虽然必要的纵向研究尚未开展，但现有证据与这一推断一致。正如埃克曼等（Ekman et al., 1976）所发现的，表达能力强的成年人在社交能力（通过**善于表达－不善于表达、交际－疏远和外向－内向**量表评定）和支配能力（通过**支配－服从**量表评定）上往往得分也较高。

内倾者和外倾者

汉斯·艾森克（Hans Eysenck, 1967）区分了两种基本人格类型——内倾（introverts）与外倾（extraverts）。他认为，内倾者大脑网状结构的激活阈值较低；因此，他们很容易被唤起；外倾者则与之相反。这一体

质差异的重要启示是，内倾者比外倾者更易形成条件反射，故而前者　*135*
有过度社会化的风险，后者则可能社会化不足。杰弗里·格雷（Jeffrey
Gray, 1971）提供了一个更详细的模型，用以说明这两类人何以不同，
特别是在与他人的关系中（见图4.1）。当然，艾森克和格雷肯定认为，
外倾者应是更强大的情绪发送者，也应能更好地抵抗他人的情绪。

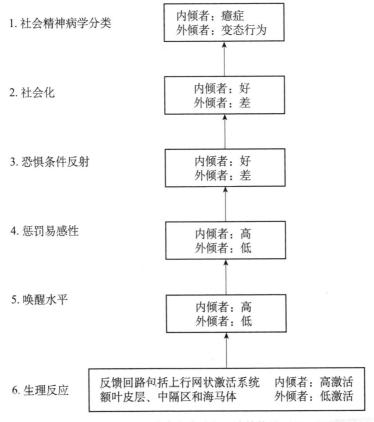

图 4.1　对艾森克内外倾理论的修正

资料来源：Gray, 1972, p. 197.

外倾者在情绪表达方面异常出色。巴克等（Buck, Miller, & Caul,　*136*
1974）曾探讨过情绪发送者传达自身感受的能力。被试首先接受一系
列人格测试，包括外倾－内倾量表（Eysenck, 1967）。然后，他们开

始观看 25 张可唤起情绪的幻灯片（快乐的孩子、烧伤和毁容的尸体等）。他们一开始讨论对幻灯片的反应，隐藏的（无音频）摄像机就会记录其面部表情，电极则记录其 ANS 反应（心率和皮肤电反应）。一些被试的情绪反应很容易被"解读"，其他人的反应则并不明显。强大的情绪发送者与贫弱的发送者的不同体现在诸多方面：前者外倾，情绪语言和面部表情丰富，但对幻灯片的 ANS 反应**并不**强烈。后者恰恰相反：他们内倾，未觉察到（或不愿承认）自身受到幻灯片的影响。他们情绪语言匮乏，脸上几乎没有情绪迹象，而内心却汹涌澎湃。事实上，他们对这些情绪性的幻灯片有强烈的内部生理反应。

拉塞尔·吉恩（Russell Geen, 1983）认为，内倾者和外倾者的生理反应都随着刺激强度的增加而增强，至一定程度后又都会减弱 [例如，这种对强烈刺激的自主反应可能被抑制，因为强烈的刺激会同时唤起 ANS 的交感神经（兴奋性）和副交感神经（抑制性）分支]。他进一步指出，外倾者和内倾者之间的区别在于，前者需要更强烈的情绪刺激来唤起或抑制自主反应。

吉恩（Geen, 1983）认为，在中等水平到高水平的刺激下，外倾者的自主反应应该会增强，而内倾者与之相反。福尔斯等的研究（Fowles, Roberts, & Nagel, 1977）证实了这一点。他们给被试安排了一项难度不一的配对联想学习任务（假定困难的配对联想学习任务比简单的更能令人唤起），随后让被试暴露于一系列中等音量（83 分贝）或超高音量（103 分贝）的声响。研究发现，当外倾者在完成简单的配对联想学习任务并暴露于中等音量的声响时，他们的皮肤电导水平最低；而当其在完成困难的配对联想学习任务并暴露于超高音量的声响时，皮肤电导水平最高。换言之，外倾者的皮肤电导水平与刺激强度呈正相关。内倾者则表现出不同的结果模式：当完成简单的学习任务但却暴露于异常大的声音时，皮肤电导水平最高，即内倾者的皮肤电导水平与刺激强度呈倒 U 形关系。

总之，较之内倾者，外倾者具有更高的自主反应阈限，自主反应和表达能力受到的限制也更少。倘若情绪刺激不强烈，外倾者则表现出较强的表达反应和较弱的自主反应；而当情绪刺激强烈时，他们则表现出较强的表达反应和较强的自主反应。因此，与内倾者相比，他们更有可能成为超级情绪传染者。

评估情绪传染的能力

评估个体的表达能力

研究者设计了一系列量表，用以衡量两性的魅力或表达能力。例如，弗里德曼等（Friedman et al., 1980）发现：

> 从对油嘴滑舌而实则沉闷的推销员、魅力四射而单调乏味的政客、热情洋溢而喃喃自语的神职人员以及善于雄辩而令人厌烦的教授的共同观察来看，很明显，在表达能力方面存在显著的个体差异。尽管其中一些差异体现为语言的流畅性，但富于雄辩的、充满激情的、精神饱满的交流在本质上都会综合使用面部表情、声音、姿势和身体动作来传递情绪。（p. 333）

为此，他们开发了感性沟通测验（Affective Communication Test, ACT）。这是一种含有 13 个条目的自陈量表，用以评估个体的感性魅力和表达能力（见表 4.1）。研究发现，在这项测验中得高分的人能够"感动、激励和吸引他人"（p. 337）。他们魅力四射、多姿多彩、善于娱乐，经常从事教学、演讲或销售工作，但很少从事实验室技术员或计算机专家等要求细致、重复的工作。在人格研究量表（Personality Research Form, PRF; Jackson, 1974）上，表达型被试在支配性、隶属性和表现性三个维度上的得分均较高。在表现性维度上得分高的人通常"多姿多彩、令人神迷、惹人注目、富于表现、夸张做作且热衷

138

炫耀"（p. 340）。而在艾森克的外倾－内倾量表（Eysenck & Eysenck, 1968a, 1968b）上，善于表达的个体有较高的外倾性得分（正如本章前文所述，外倾者——外向、冲动、无拘无束——不会严格控制自己的感受）。在 ACT 上得分高的医生甚至有更多的就诊病人！

表 4.1　感性沟通测验（ACT）

1. 好的舞曲使我难以保持安静。

*2. 我笑起来温柔克制。

3. 我可以很容易地在电话中表达情绪。

4. 我经常在谈话中触碰朋友。

*5. 我不喜欢被一大群人注视。

*6. 我通常显得面无表情。

7. 人们告诉我，我会成为一个好演员。

*8. 我不喜欢在人群中引人注意。

*9. 我在陌生人面前感到害羞。

10. 只要我愿意，我可以给你一个诱人的眼神。

*11. 我很不擅长哑剧或玩猜哑谜游戏。

12. 在小型聚会上，我是大家关注的焦点。

13. 我会用拥抱或抚摸某人来表示我喜欢他。

注：标有星号（*）的条目反向计分。
资料来源：Friedman et al., 1980, p. 335.

另外，克莱因和卡乔波（Klein & Cacioppo, 1993）开发了面部表情量表（Facial Expressive Scale, FES），用以测量个体情绪表达倾向、情绪表露程度的差异（见表 4.2）。与预期相符，他们发现 FES 分数和 ACT 分数呈中等相关（$r = +.32$, $N = 62$, 研究 1；$r = +.49$, $N = 33$, 研究 2），这说明它们并非完全相同的个体差异变量。与 ACT 测试魅力的观点一致，研究得出 ACT 分数（$r = +.58$, 研究 2）比 FES 分数（$r = +.35$）更能预测个体的社会接触数量。后者（$r = +.46$, 研究 1；$r = +.51$, 研究 2）则比前者（$r = +.16$, 研究 1；$r = +.28$, 研究 2）更能预测个体的情绪易感性〔由情绪传染量表（Emotional Contagion Scale,

ECS; Doherty et al., 1993）测得］。事实上，当同时使用这两种量表分数来预测情绪传染时，两个研究的结果均表明，只有 FES 分数与情绪传染得分显著相关。这些结果趣味十足，因为第二章的证据表明，在情绪情境中面部表情的产生和 / 或反馈会促进情绪传染。因此，那些表露自身情绪的人或许不单是有力的情绪传染者，还是周围人情绪的模仿者、表达者和感受者。关于情绪易感性和抵抗力的话题，我们将在第五章继续探讨。

140

表 4.2　面部表情量表（FES）

你有多了解自己？对于以下条目，请从 0（**绝不能形容我**）到 5（**完全能形容我**）进行 6 点打分。请尽可能准确诚实地回答。

1. 对于我想见的人，我会忍不住要让对方知道。

2. 大家能从表情中看出我有问题。

3. 我和朋友交谈时会触碰对方。

4. 我经常笑。

5. 大家都说我善于表达。

6. 我会用拥抱或抚摸某人来表示我的喜欢。

7. 我很容易激动。

8. 大家能从面部表情看出我的感受。

9. 一个人时，我会通过回忆过去的事情逗自己笑。

10. 看电视或看书能让我笑出声来。

被试按照以下评分给出答案：

＿＿＿＿ 0 绝不能形容我

＿＿＿＿ 1 很少能形容我

＿＿＿＿ 2 偶尔能形容我

＿＿＿＿ 3 有时能形容我

＿＿＿＿ 4 经常能形容我

＿＿＿＿ 5 完全能形容我

资料来源：Klein & Cacioppo, 1993.

评估个体的情绪传染能力

自陈量表可用来衡量个体的魅力和情绪表达倾向；在这些量表上得分相对较高的个体极易用情绪感染他人。但并非所有富有表现力或魅力的人都有同样的情绪传染能力。很遗憾，目前尚未有专门量表来评估这一能力。不过，研究者已开发出研究情绪传染的实验范式，下一节将具体论及。

情感传染能力差异的证据

假设 4.1 ~ 4.3 提出，强大的情绪发送者具有如下特征：（1）必须能感受到（或至少表现出感受到）强烈的情绪；（2）必须能（通过面部表情、声音和／或姿势）表达这些强烈的情绪；（3）必须对那些与自身情绪不同的人的感受相对不敏感或反应迟钝。若众人有相似的心情，或个人正经历强烈的情绪而对方没有，那么要传递自身情绪，只需两种"技能"：感受和表达情绪。两个在感恩节聚会上相遇的大学生若都善于表达，这个晚上一定会很热闹；如果他们能从彼此的兴奋中汲取养分，这还会相互促进氛围。然而，人们的心情有时却大相径庭。有人要去医院探望沮丧的朋友，希望他能振作起来；应诉部门的经理可能受指派去安抚愤怒的顾客；厌女症患者可能决心让每个人都像他一样痛苦。这些情绪发送者倘若想要获得成功，就不仅要能传递自身情绪，同时还要防止自身困于他人的情绪旋涡。否则，好心的撒玛利亚人[①]会变得沮丧，经理会发现自己对顾客大喊大叫，而厌女症患者最终会过得很开心。最后，如果人们**极度**冷漠，对自己和他人的感受浑然不觉，那么他们就不是善于传递或复现他人情绪的人。

141

---

① Good Samaritan，《新约》寓言中的一个撒玛利亚过路人，他是唯一一个在有人遭受殴打和抢劫时伸出援手的人（《路加福音》10: 30-37）；后也指在他人遇到麻烦时自愿提供帮助或同情的人。

以下是支持上述假设的证据。

感受和表达情绪：情绪传染能力的作用

弗里德曼和里焦（Friedman & Riggio, 1981）发现，善于表达的个体倾向于将恐惧、焦虑以及愤怒的情绪传递给他人，而不善表达的人往往无法做到这些（至少程度不一）。为了验证这一假设，他们邀请大学生参加一项"心情波动"研究。被试需要回答"此时此刻"的感受，并被告知，"我们想看看，一旦安静地坐着或思绪游离，你的心情在两分钟内会如何变化"（p. 99）。然后，三名被试围坐一圈，他们彼此都能看见，但不能交谈。被试不知道的是，三人组合其实是精心安排的：一个成员总是善于表达（由 ACT 测得），其他两人则不然。两分钟的熟悉环节后，主试问及被试快乐、烦闷、恐惧、焦虑或愤怒的程度。不出所料，善于表达的被试的心情，尤其是消极心情似乎很快传递到其余两人。每个人（不论是否善于表达）似乎都能传递快乐，而善于表达的人还能将恐惧、焦虑或是愤怒传递给他人。埃伦·苏林斯（Ellen Sullins, 1991）也得到类似的结果：尽管每个人都可以传递快乐，但高表达能力者更能将自身**消极**情绪（如难过、愤怒、攻击性以及厌倦）传递给他人。

抵抗他人情绪的能力

有些人为何能在情绪失控者面前保持冷静，目前还知之甚少。采访那些常与陷入困境者打交道的人，或可提供一些线索。我们曾与一名狱警（一名身材矮小的菲律宾裔）聊天，他讲述了这样一个故事：前一天，他审问了一个身材高大、年轻的黑人男子，此人因向未成年人兜售毒品而入狱。狱警原本很平静，但一看到那个比自己高大得多的囚犯，肌肉就不禁颤抖。他思考再三："大多数人此时会害怕。我害怕吗？不。这里**有人**害怕，是发生了什么事？"当他暂停思绪时，

142

他忽然意识到尽管面前的囚犯努力让自己看起来"很酷",但恐惧似乎"从他的皮肤上渗出来"。如此强壮的人到底发生了什么,会变得如此令人害怕?接着,这名矮小的狱警和这名囚犯平心静气地谈了6小时!在此期间,他发现这名囚犯有一个"可怕"的童年——在童年期和一些其他场合都遭受过虐待。狱警的同事称他有一套对付囚犯的诀窍:只要他在,一切都会"平静"。在某种程度上,这是因为他拒绝复现囚犯的情绪,但利用了一些情绪信息来分析后者的经历。

情绪传染能力的性别差异

两性的情绪传染能力是否存在差异?这很难说。早前研究发现,能够用自身情绪感染他人的人,必须能感受到(或至少表现出感受到)强烈的情绪,必须能(通过面部表情、声音和/或姿势)表达这些情绪,并且必须对他人的感受相对不敏感或反应迟钝。依据一般的性别刻板印象,男性比女性更少情绪化;对此,研究者如果用特定方式发问,即可让男性和女性认为他们的感受与这些刻板印象相一致。例如,问题越宽泛("你有多情绪化?")、时间范围越长("过去的一年里,你生气的频率有多高?"),两性就越会认同他们的差异。然而,一旦涉及具体问题,例如不再询问个人的情绪,而是询问其对快乐、悲伤和愤怒的感受——不问一个人平时有多快乐,而是问其今天有多快乐——这种所谓的性别差异就会突然消失。因此,当前研究的最终结论是,尚无令人信服的证据表明两性在情绪**感受**能力方面存在差异(La France & Banaji, 1992; Shields, 1987);不过还是有大量证据表明,女性更乐于**表达**自身情绪(Carlson & Hatfield, 1992; Hall, 1984)。与此同时,男性则或许比女性更能做出共感反应(La France & Banaji, 1992),可能也更不易复现他人情绪。虽然性别很难预测情绪传染的能力,但这里仍将介绍少量已证实的性别差异。

143

性别和情绪表达

出生时，男婴通常比女婴**更**善于表达情绪。虽然女婴表达快乐的频次是男婴的两倍，但男婴表达恐惧、愤怒和痛苦的频次是女婴的两倍；然而，男孩很快就会被教导要抑制明显的情绪迹象（Haviland & Malatesta, 1981）。

成年后，女性通常比男性更善于表达情绪（Buck, 1984; Manstead, MacDonald & Wagner, 1982）。朱迪思·霍尔（Judith Hall, 1984）曾对49个研究进行元分析，考察了两性在表达能力、表达准确性和沟通能力方面的差异。结果发现，女性通常比男性更开放、更善于表达，她们对友好、不友好和不愉快的情感，对快乐、爱、恐惧、愤怒、惊讶和支配性的解读能力更强；她们更自然地微笑和大笑，有更多的眼神交流、更多的触摸、更多的肢体动作，也更自由地表达消极情绪；在进行非言语交流时，女性也是更有效的情绪发送者。

还有研究发现，女性比男性更善于非言语表达。女性表现出更多的面部表情活动（Buck, Baron, & Barette, 1982; Buck et al., 1980）和EMG活动（Dimberg, 1988; Schwartz, Brown, & Ahern, 1980）。因此也毫不奇怪，人们更易从女性的脸上准确地解读情绪状态（Buck, Miller, & Caul, 1974; Fujita, Harper, & Wiens, 1980; Gallagher & Shuntich, 1981; Hall, 1984; Wagner, MacDonald, & Manstead, 1986）。

巴克和卡罗尔（Buck & Carroll, 1974）探讨了两性的情绪表现力和传递准确性。他们让情绪发送者观看一组25张表示不同情绪的彩色幻灯片，并秘密拍摄其面部表情和记录ANS反应（心率和皮肤电导）。

早前研究发现，女性倾向于外化情绪，而男性倾向于内化情绪（见本章前面的"外化者和内化者"部分）。在该实验中，情绪评定者也发现自己更容易读懂女性的面部表情；从ANS反应来看，女性在情

144

绪上也没有男性那么激动。

在对比两性表达和"流露"的情绪倾向时，霍尔（Hall, 1984）提出了一个有趣的假设：

> 女性擅长通过视觉和行为交流，男性擅长通过声音交流。有趣的是，这项研究……表明，视觉形态（实际上是脸）可以很好地传达积极－消极的程度，声音则可以很好地传达支配－服从的程度。

> 综合这些结果，可提出新假设：两性已分化出最适宜自身的独特心理模块。若女性适应于人际和谐，男性适应于社会支配，则两性在注意力、技能和行为方面，皆可以最契合自身动机的方式从这些模块中获益。（p. 140）

一旦两性试图传达感情，女性则最容易做到这一点。帕特里夏·诺勒（Patricia Noller, 1987）曾与拥有幸福/不幸福婚姻的夫妇交谈，试图找出双方沟通的有效程度。他们在传递希望传递的情绪信息方面的能力如何？为了弄清这个问题，她给被试中的丈夫或妻子一个脚本，要求其尽力让配偶知道自身感受（表4.3是丈夫脚本的示例）。他们只能说一句话，例如："你知道这样的旅行要花多少钱吗？"

此时，丈夫应明确表示（"你知道这样的旅行要花多少钱吗？"）以下三种情形之一：（1）坚决反对旅行；（2）渴望旅行；（3）对旅行没有任何特别的感觉。妻子要倾听丈夫的意见，并试着了解他的意图。评委也会单独观看夫妻的每次互动，以判断丈夫（或妻子）想要表达什么。这一程序使研究者可根据评委是否能猜出被试想要表达的信息，将其划分为"好"或"坏"情绪发送者。诺勒发现，两性、幸福和不幸福的夫妻在沟通技巧上存在明显差异。

表 4.3 丈夫的脚本和妻子的解读

丈夫的脚本	（他必须发送信息。）

情境：妻子告诉你，她的一个朋友刚刚和丈夫度过了一个美妙的假期。她说希望你们也能去同一个地方旅行。

意图：你觉得去那个地方旅行没有吸引力，几乎不值得。

陈述：你知道这样的旅行要花多少钱吗？

妻子的解读	（她必须猜出他想要发送什么信息。）

情境：你告诉丈夫，一个朋友刚刚和她的丈夫进行了一次美妙的旅行。你说希望你们也能去同一个地方旅行。

你丈夫的意图：

（a）他觉得去那个地方旅行没有吸引力，几乎不值得。

（b）他很高兴你愿意和他一起进行这样的旅行，他想认真地询问一下。

（c）在决定去哪儿之前，他想知道你是否知道他们旅行的大概费用。

资料来源：基于 Noller, 1987, p. 154。

1. 幸福婚姻中的男女都善于传递想要传递的信息。他们能够——部分利用面部表情（微笑或皱眉）或手势，但主要是通过语气——表达对旅行计划的感受。然而，即使是婚姻状态最不稳定的女性也很善于表达自己的感情，有沟通问题的往往是丈夫。婚姻不幸福的丈夫极其缺乏表达能力，在他想传递鼓励的信息时，即使是中立第三方也无法理解其想表达什么。不过这些丈夫在表达反对意见方面做得稍微好一些。有研究表明，不快乐的妻子会因丈夫缺乏积极沟通尤感不安，她们渴望得到更多的关爱、欣赏和关注（Noller, 1982）。从这一点来看，即使男性试图传达积极信息，也很难将其传达出去。他们或许是想奖励妻子但不知道该怎么做，又或者用愤怒和敌意"取代"他们原本想传递的积极信息。

2. 诺勒也发现了解读信息能力的性别差异（将在第五章详述）。在成功的婚姻中，两性都善于通过语气猜测伴侣对各种问题的看法；而在失败的婚姻中，女性也擅长这种侦察工作（如果非要说有区别的话，那就是她们往往会把丈夫的信息判断得比实际情况更积极）。但丈夫在理解伴侣方面则存在问题，他们虽然自信满满，实际上却大错特错，倾向于将最积极的信息解读为批评。

［如同爱一样］恐惧、愤怒、嫉妒、野心、崇拜皆如此。只要它们存在，生活就会改变。

——威廉·詹姆斯

如果男性难以觉察到自身情绪，或者无法表达出来，他们当然会有很大麻烦。个体想要了解自己、他人和世界，就必须拥有情绪词汇和情绪意识。

❖ 小结

本章所回顾的证据表明，有些人比同龄人更善于用自身情绪感染他人。我们（在假设 4.1 ~ 4.3 中）提出，强有力的沟通者应该具备三个特征：

1. 必须能感受到（或至少表现出感受到）强烈的情绪。
2. 必须能（通过面部表情、声音和／或姿势）表达这些强烈的情绪。
3. 必须对那些正在经历与自身情绪不同的人的感受相对不敏感或反应迟钝。

我们也发现了一些支持这些假设的证据。

第五章 ||||||
情绪的易感性

❖ 引言

> 布兰奇……擅长察觉悲伤，哪怕在一英里之外。……同情心要么与生俱来，要么根本不存在。而那些人造的产品，无论是假想的还是推崇的，都遗漏了太多线索。
>
> ——安妮塔·布鲁克纳

是否人人皆有能力分享他人的喜悦、爱、悲伤、愤怒和恐惧？还是说，个体受他人情绪影响的能力存在显著差异？本书认为，人格、自我建构、遗传和早期经历都会形塑某些人的情绪易感性，但对于另一些人而言则不然。

❖ 理论背景

勒庞（Le Bon, 1896）在 100 多年前曾写道，若大众聚集一堂，神秘的力量便会起作用。他认为，群体成员感有助于放大自我（一种权力感）、释放冲动、**觉察传染**并提高情绪易感程度，且这些心理特征源于个人身份与群体身份的融合。有影响力的群众领袖会肯定并重复那些直接指向行动，同时又简单而形象的想法：肯定唤起形象，形象唤起情感，情感引发行动。群体中的个体一旦开始模仿领导者的行为，就会感染所有在场的人。虽然勒庞对情绪传染本身并不感兴趣，但其对暴民行为的观察可能包含一些线索，可借之说明个体情绪易感性的特征。具体而言，以下特征使个体尤其易受他人情绪的影响，似乎合乎逻辑：

> 假设5.1：大众若集中注意于他人的情绪而不是忽视它，则更易复现他人的情绪。

> 假设5.2：大众若根据自身与他人的关系，而不是根据独立性和独特性来解释自己，则更易复现他人的情绪。

> 假设5.3：能读懂别人的情绪表达、声音、手势和姿势的人尤其易感。

> 假设5.4：倾向于模仿面部表情、声音和姿势表达的人更易感。

> 假设5.5：能察觉到自身情绪反应（即其主观情绪体验受到面部表情、声音、姿势和动作反馈的调节）的人更易感。

> 假设5.6：情绪敏感的人更易感。

相反，那些不关心他人、认为自己与众不同、无法解读他人情绪、无法模仿他人或主观情绪体验不被外在反馈改变的人，也许对情绪有十足的抵抗力。

下文将介绍支持假设 5.1 ~ 5.6 的证据。

❈ 情绪易感性的个体差异

假设 5.1：注意力和情绪传染

根据假设 5.1，大众若专注于他人，应更能复现后者的情绪。芭

芭拉·哈里森（Barbara Harrison, 1989）在《意大利的日子》一书中
提到，自己曾为意大利人解读情绪的惊人能力所震惊：

> "你很伤心。"多梅尼科对我说。
>
> 他很对；这一判断相当简单和直接；在刺激（一眼、一瞥、一
> 个僵硬的肩膀）和反应之间，全无系统、结构或意识形态参与其
> 中。阿梅里戈擅长解读肢体语言——在这个意义上，他一贯简单直
> 接——多梅尼科也是如此。（p. 420）

149

对他人不感兴趣、受一时问题和情绪困扰的人，当然不太可能察
觉到，更不用说复现别人的情绪了。

> 人人都有不便告诉外人、只能透露给朋友的回忆。……但总有
> 一些事，自己都不敢跟自己说。
>
> ——费奥多尔·陀思妥耶夫斯基

高敏者和压抑者

有研究者指出，人们对情绪信息，尤其是不愉快信息的关注意愿
存在差异。我们（哈特菲尔德和拉普森）的一位来访者称，她跟同性
朋友曾无情地嘲弄过自己的丈夫山姆。山姆曾接到一通电话，里面传
来一个强忍抽泣的声音："我能和玛西说话吗？"山姆乐呵呵地把电话
递给玛西，说："玛西，找你的。"他完全没有觉察到电话那头的人非
常痛苦。对他人情绪信息如此不在意的人，更不可能复现它们。

山姆对情绪信息视而不见，因为他根本不在乎；有些人则回避
这些信息，或许是担心自己会太过在乎。当然，弗洛伊德（Freud,
1904）曾提出，有意识的头脑拥有各种防御机制，可抵御痛苦的无
意识信息。如今，社会心理生理学家对意识之外的信息处理过程重
新产生了兴趣（Cacioppo & Petty, 1983; Wilson, 1985）。一些研究

者开始探究大脑如何屏蔽某些令人不安的信息。例如，加林（Galin,
1974）认为，大脑左、右半球分别负责处理不同类型的情绪信息，左
半球会"阻断"右半球所拥有的传递非言语信息的能力。

无论如何，从 20 世纪 40 年代到 60 年代中期，很多社会心理学
家都开始对大众如何处理威胁性情绪材料的差异产生兴趣（Byrne,
1964; Gordon, 1957; Postman, Bruner, & McGinnies, 1948）。若有人
对潜在的威胁高度警惕，就称之为**高敏者**（sensitizers），他们对自己
和他人的情绪变化都很敏感，倾向于琢磨潜在的问题。相反，**压抑者**
（repressors）则急于避免、压制或否认具有威胁性的信息，他们倾向于
否认自己曾悲伤、害怕或生气；即使其生理反应和公开行为表明的恰
恰相反，他们也倾向于忽视其他人的心烦意乱（Byrne, 1964）。使自
己和他人的感受脱节，**称为述情障碍**（alexithymic，即无法用言语表
达情绪）。神经科学家已针对述情障碍提出了各种生理解释，包括胼
胝体从左半球到右半球的脉冲阻塞，以及高级皮层中心与边缘系统之
间的断开（MacLean, 1949; Ten Houten et al., 1985, 1986）。

我们可能会认为，由于高敏者会小心翼翼地关注他人的情绪（不
管愉快与否），他们对情绪更易感；对他人不安情绪视而不见的压抑
者，则更能抵抗他人的情绪。但迄今未有证据支持这些推测。

心境与传染

总的来说，小说家约翰·厄普代克（John Updike, 1989）尤其
亲切和慷慨。然而，他多年来饱受牛皮癣的折磨。最痛苦时，他发现
自己对别人的痛苦也会十分麻木不仁：

> 我如此专注于自己的皮肤，如此关注它每天的变化。对于无家
> 可归者、被剥夺公民权的人，以及那些像我的首位妻子那样在内心
> 追求圆滑的自由主义的不幸者，我关注得太少了。"我真不幸！"

这是我的第一个想法。大自然对我开了一个完全不必要的玩笑。毁容或残废的人让我烦恼，使我想起自己。冷酷到什么程度才是正常的呢？我有时担心，我在皮肤上的自我痴迷，已经使那些与人类互动的情感触角失去了功能。（pp. 77-78）

认知社会心理学家指出，心境可影响情绪的易感性。快乐的人会发现很容易全身心关注他人，接收他人的一言一行并做出反应，因此变得易感；相较之下，极度沮丧、焦虑或愤怒的人则难以接收情绪信息。这已得到证据支持。研究发现，快乐的人对传入的刺激更关注，并能很好地处理和回应它（Easterbrook, 1959; Mandler, 1984; Oatley & Jenkins, 1992; Sedikides, 1992）；他们特别开放，容易接收外界的刺激（Bousfield, 1950），记忆力也会改善（Isen, 1987）。相反，难过的人很难关注、处理以及回应收到的信息。研究者发现，悲伤和/或抑郁的个体更关注自己，而不是他人或周围世界，他们明显表现出注意力缺陷和行为表现缺陷（American Psychiatric Association, 1987; Beck, 1972; Oatley & Jenkins, 1992; Sedikides, 1992）。人们一次只能专注于有限的几件事；在压力的驱动下，他们被迫将部分注意力投向内心世界——阵阵发痛的脑袋、躁动的心和难受的胃（Carlson & Hatfield, 1992）——以及那些导致压力的事件。这也可能使人们难以专注于外部事件。

赫希等（Hsee et al., 1991）在夏威夷大学开展了一项实验，旨在探究快乐的被试与悲伤的被试相比，是否真的更能关注和复现目标人物的情绪。首先，大学生被试需要回忆一系列快乐、平淡或悲伤的事件，以体验快乐、平淡或悲伤的心境。[在中性条件下，被试需回想三个教室并回忆房间的技术细节，如房间尺寸、窗户数量、地板类型以及设备品牌。这一研究所用的心境诱导技术由马萨克和德雷屈尔（Masak & Dreikurs, 1973）开发，原本用于临床情境的**自传式回**

忆（autobiographic recollections）。这一技术确实比常用的韦尔顿心境诱导程序（Velton Mood Induction Procedures; Brewer et al., 1980）更好。]经过这一标准化的心境诱导操纵后，被试要观看目标人物最快乐或最悲伤经历的录像带。

研究发现，无论自身心境如何，被试都能复现目标人物的情绪。这一点从被试的自我报告和评定者在观看快乐或悲伤的采访时对被试面部表情的评分中都可以清楚地看出。但**也有**迹象表明，先前心境可能影响了被试对情绪传染的接受度：快乐的学生更注意目标人物的情绪表达（即更多地去了解他的情绪状况），并比悲伤的被试更有可能去模仿后者的快乐**或**悲伤情绪（尽管这种差异并不显著）。

这一研究的结论有些令人沮丧：快乐的人最易接受他人，也最易复现他人的心境；不快乐的人相对不在意他人的感受，也不易受到感染。因此，一旦好心的撒玛利亚人冒险去鼓舞悲伤、焦虑和孤独的人，就存在一种可怕的可能：他们只会让自己变得痛苦，而很少能宽慰痛苦中的受助者。

假设5.2：自我建构和情绪传染

假设5.2指出，如果大众根据自身与他人的关联性而非独立性和独特性来解释自己，那么他们应易受到情绪的感染。与抑郁症患者交谈的治疗师可能会变得抑郁，部分原因是后者过于关心和关注前者的言行。或许正由于治疗师更专注于来访者而不是自身，自己才会被来访者的情绪"卷走"。

马库斯和北山忍（Markus & Kitayama, 1991）曾总结了自我建构（self-construals）影响情绪体验和传染的证据。西方文化（如美国）重视个性、独立性和独特性；这些文化中的社会化过程倾向于产生将自己视为有个性、独立和独特的个体。而其他文化（如中国和日本）强调成员之间的基本关系，重视和谐一致的相互依存；这些文化中的社会化过程强调自我与家庭、祖先和周围人的关系，倾向于把自我解释为社会集体的一部分。马库斯和北山忍还强调，互依文化中的个体尤易受到他人情绪的影响和感染。当然，不同文化背景下的个体对独立或互依自我的理解程度也不尽相同。在马库斯和北山忍的工作基础上，加藤和马库斯（Kato & Markus, 1992）开发了互依－独立量表（Interdependence–Independence Scale），用于测量自我建构的个体差异（见表 5.1）。

表 5.1 互依－独立量表 *153*

请用 10 分制来评价以下陈述能够形容你的程度（用整数，如 1，而不是小数，如 2.5）。把你的评分写在每句话之前。请尽可能快地回答。不要过多考虑，也不要担心你的回答的一致性。

绝不能形容我 　　　0—1—2—3—4—5—6—7—8—9 　　　完全能形容我

1. 一做决定，我就会先考虑对别人的影响，再考虑对自己的影响。[a]

2. 我的行为取决于周围的人。[b]

3. 对向我求助的人说"不"，我会感到内疚。[a]

4. 我很特别。[c]

5. 如果想做一件事，没有什么能阻止我去做。[c]

6. 保持团队的和谐很重要。[a]

7. 如果有人帮助了我，我觉得有义务在以后回报他。[a]

8. 对于我来说，重要的是如果团队需要我，即使我对它不满意，我也要留下。[a]

9. 与其按自己的方式做事，不如遵循传统或权威。[c]

10. 对于我来说，让很多人喜欢自己很重要。[b]

11. 在集体活动中，我是一个合作的参与者，这对于我来说很重要。[b]

12. 即使是对的事情，如果会伤害别人的感情，我也宁愿不坚持。[c]

13. 我总是做我自己。我的行为和别人不一样。[d]

14. 如果别人不喜欢我的想法，我倾向于改变它，即使我自己喜欢它。[c]

15. 有人向我求助，我很难对此说"不"。[a]

16. 我会自动把自己调整到别人对我的期望中去。[b]

17. 如果已打定主意，我就不在乎周围的人怎么看我的想法。[c]

18. 有人向我寻求帮助，而我需要说"不"，这可能使我感觉很糟糕，但我不会内疚，因为别人的事与我无关。[a]

19. 即使周围的人持有不同的观点，我仍然坚持我所相信的。[c]

20. 无论什么情况或环境，我总是忠于自己。[d]

21. 对于我来说，给别人留下好印象很重要。[b]

22. 对于我来说，最重要的是获得归属感。[b]

23. 对于我来说，与大家保持良好的关系很重要。[b]

24. 我能照顾好自己。[d]

25. 我已经计划好了未来。[d]

26. 我知道自身的弱点和长处。[d]

27. 我通常自己做决定。[d]

28. 我总是知道自己想要什么。[d]

29. 我总是在意别人怎么看我。[b]

30. 做决定前，我总是征求别人的意见。[d]

31. 我独一无二，在很多方面和别人不一样。[c]

---

[a] 维持自我/他人的联结（互依）维度。
[b] 在意他人的评价（互依）维度。
[c] 自我－他人分化（独立）维度。
[d] 自我认知（独立）维度。
资料来源：改编自 Kato & Markus, 1992。

154　　马库斯和北山忍（Markus & Kitayama, 1991）还提出，文化中互依－独立的个体差异也会影响情绪和情绪传染。因此，在这种扩展的自我建构中，那些将自我建构为与他人基本相关的人应该比那些将自我建构为与他人截然不同的人更容易受到他人情绪的感染。

假设 5.3：解读情绪表达和传染

　　哈维兰和马拉泰斯塔（Haviland & Malatesta, 1981）发现，个体解读他人心境的能力存在差异。根据假设 5.3，能解读他人情绪表达的个体或许尤其易感（或可猜测，觉察到他人的感受是分享这些感受的预测因素，即便它不构成情绪传染的必要条件）。根据他们的研究，两性在对社会刺激的感兴趣程度、对非言语情绪线索的关注程度、对情绪线索的解释水平以及对这些线索的回应意愿上都存在差异。他们还发现，女性较之男性更能捕捉到他人的情绪（本章稍后将讨论性别差异的研究）。心理测量学家已开发出一系列心理测验以衡量情绪传染的先决条件——解读（解码）他人情绪交流的能力。

解读情绪交流的测验

以下工具可用于评估个体解读情绪交流的能力。

1. **情感敏感性测验**（Affective Sensitivity Test; Kagan, 1978）。研究者向被试展示治疗师与来访者、医生与病人以及教师与学生之间互动的录像带，然后要求其猜测来访者、病人和学生的感受。

2. **简易情感识别测验**（Brief Affect Recognition Test; Ekman & Friesen, 1974）。被试观看人们表达快乐、难过、恐惧、愤怒、惊讶、厌恶或者平淡情绪的幻灯片，并猜测看到的是何种情绪。

3. **情感交流接收能力测验**（Communication of Affect Receiving Ability Test; Buck, 1976b; Buck & Carroll, 1974）。被试观看25个不同目标人物的无声录像带（这些人物正在看性感的、风景优美的、不愉悦的或不寻常的幻灯片），并猜测他们正在观看何种类型的幻灯片。

155

4. **非言语敏感性概况测验**（Profile of Nonverbal Sensitivity; Rosenthal et al., 1979c）。被试观看目标人物通过面部表情、声音和姿势表达各种情绪的录像带。

5. **社交解读测验**（Social Interpretation Test; Archer & Akert, 1977）。被试观看20段简短的二人谈话录像片段，这些片段包含说话

者情绪的视觉和声音线索。被试还会被问及一些关于互动的事实性问题（例如，"打电话的人是男是女？"）。

在上述每种测验中，被试如能正确作答，则会对其计分。

情绪传染测验

研究者还开发了两种测量情绪传染的方法。

1. **早期简易情绪传染量表**（An early and brief emotional contagion scale）。斯蒂夫等（Stiff et al., 1988）开发了一种非常简单的情绪传染测量方法（见表 5.2）。在该量表上得分高表示特别容易受到情绪的感染，得分低则表示特别有抵抗力。

表 5.2　早期简易情绪传染量表

*1. 我经常发现，尽管周围充满了兴奋，自己还是能保持冷静。

 2. 一旦给别人带来坏消息，我往往会失去控制。

*3. 即使周围的人担心我，我也倾向于保持冷静。

 4. 如果周围的人都很沮丧，我就无法继续感觉良好。

*5. 我不会因为朋友表现得不开心就生气。

 6. 即使周围的人紧张，我也不会紧张。

 7. 周围的人对我的心情有很大的影响。

注：标有星号（*）的条目反向计分。
资料来源：Stiff et al., 1988, p. 204.

2. **情绪传染量表**（Emotional Contagion Scale）。多尔蒂等（Doherty et al., 1993）开发了情绪传染量表，用来衡量个体的情绪易感性（见表 5.3）。该量表共 18 个条目，旨在评估个体对喜悦/快乐、爱、恐惧/焦虑、愤怒、悲伤/抑郁的敏感性，以及一般的情绪易感性。

表 5.3 情绪传染量表

这是一个衡量不同情况下的各种感受和行为的量表。没有正确或错误的答案，所以请尽量诚实地回答。结果**完全保密**。阅读每个问题并指出最适合你的答案。请仔细回答每一个问题。谢谢！

使用下列选项来回答：

4 = 对于我来说永远是这样

3 = 对于我来说常常是这样

2 = 对于我来说很少是这样

1 = 对于我来说从不会这样

*1. 和愤怒的人在一起不会让我烦恼。

 2. 一和抑郁的人交谈，我就会打瞌睡。

 3. 看到母亲和孩子深情地拥抱在一起，我会感到很温暖。

 4. 和抑郁的人在一起让我感到抑郁。

 5. 我关注别人的感受。

 6. 和所爱的人在一起，我会感觉充满活力。

 7. 有人大笑，我也会笑。

*8. 别人想要深情地拥抱我，会让我心烦意乱，想要退缩。

 9. 我能很准确地判断别人的感受。

10. 和愤怒的人在一起，也会让我感到愤怒。

11. 听到别人吵架，我会握紧拳头。

12. 看到有人在打针时畏缩，我也会变得畏缩。

13. 我对别人的感受很敏感。

*14. 当周围的人开怀大笑时，我却总板着脸。

15. 在牙医的候诊室里，一个被吓坏的孩子的尖叫声会让我觉得紧张。

*16. 即使和我谈话的人开始哭了，我也不会流泪。

17. 别人来回踱步会让我紧张和焦虑。

18. 有人热情地微笑，我也会报以微笑，内心感到快乐。

注：条目 7、14 和 18 测量喜悦 / 快乐，条目 3、6 和 8 测量爱，条目 12、15 和 17 测量恐惧 / 焦虑，条目 1、10 和 11 测量愤怒，条目 2、4 和 16 测量悲伤 / 抑郁，条目 5、9 和 13 测量一般的情绪易感性。标有星号（*）的条目反向计分。总分越高，一个人就越易感。

资料来源：Doherty et al., 1993.

南希·施托克特（Nancy Stockert, 1993）为情绪传染量表提供了信效度证据。她同时发现，两性在该量表上的得分可预测其受积极和消极情绪影响的程度。

情绪传染量表是前一量表的重要补充，因为它较少依赖于这一假设：解读非言语交流的技能是情绪传染的先决条件。总分高意味着易受情绪的感染，总分低意味着能抵抗他人的情绪。

假设 5.4：模仿／同步和情绪传染

根据假设 5.4，倾向于模仿他人面部表情、声音和姿势的个体更易感。目前研究者较少关注情绪表达模仿倾向的个体差异，但查尔斯·奥斯古德（Charles Osgood, 1976）针对这一假设，仅使用教室黑板前桌子上的窗框和帘子进行了一项深具启发性的研究。学生坐在教室的课桌前，研究者在黑板上写下 44 个情绪词（如快乐、悲伤）；接着让一名学生坐在窗帘后的桌子上，并给这名学生一张上面写着 4 个情绪词的纸，指示他用面部表情向其他学生展示列表上的第一个情绪词。学生的面部表情一旦到位，就拉起窗帘，以便让其他人看到表情；最后放下窗帘，其他学生需记录下自己认为刚刚看到的 44 种情绪的某一种。剩余 3 种情绪都以类似的方式进行展示和评定。然后，选择另一名学生表现出另外 4 种情绪，以此类推，直到 44 种情绪都得到呈现和评估。

此研究旨在确定个体可以准确识别或混淆哪些面部表情。另外，奥斯古德还想确认模仿是否会使学生对面部表情做出更准确的判断。他先让班上半数的学生模仿看到的面部表情，再让他们尝试确定这个人在表达 44 种情绪中的哪一种。当然，装腔作势者和／或模仿者可能做得并不是很好；或者，那些本来无须模仿所看到表情的学生却自动模仿了这些表情。此外，某些面部表情（如快乐的大笑），哪怕没被模仿也具有很高的识别准确率。但奥斯古德发现，模仿了情绪表达的

157

158

学生较之未模仿的学生，更能准确辨认与疼痛相关的情绪表达。

新近研究进一步改进了奥斯古德最初的实验程序。第三章在提及这项研究时已指出，模仿通过面部表情、声音和姿势表达的情绪确实倾向于激发个体的情绪。若因实验指令而产生的模仿可增强情绪传播，则可猜测个体在自发模仿方面的差异也应存在类似效应：倾向于模仿他人面部表情、声音以及姿势的个体应该尤其易感。

假设 5.5：外围反馈和情绪传染

根据假设 5.5，有意识的情绪体验受到外围反馈强烈影响的人应该最易感。

人们的内在情绪活动在受外围反馈的影响程度方面存在明显的个体差异。莱尔德和布雷斯勒（Laird & Bresler, 1992）认为，人们可用两类不同的信息来确定自身情绪状态：**自生线索**（self-produced cues）和**情境线索**（situational cues）。依赖自生线索的个体受到对自身表达行为的感知、交感神经唤醒水平与工具性行为的影响，依赖情境线索来厘清感受的个体则会根据自身感知判断大多数人在这种情境下的感受（他们想当然地认为，自己受到侮辱定会生气并深感冒犯，因为"任何人都会这样"）。莱尔德和布雷斯勒（1992）指出：

> 对于某些人而言，情绪体验基于身体和工具性活动的模式，对于另一些人而言则源于在特定情境下恰当的或习惯性的理解。在詹姆斯描述的经典情绪事件例子中，人们看到熊都会害怕。很显然，有人"知道"害怕，是因为他们尖叫、逃跑、心怦怦直跳。其他人知道害怕，则是因为任何人面对身躯庞大、饥肠辘辘的食肉动物时都会害怕。（p. 35）

159

研究发现，人们在决定自身感受时，对面部表情、声音和姿势反馈的依赖程度差异很大。例如，当诱导被试微笑或皱眉、轻声或严厉说话、骄傲地站立或弯腰时，有些被试会报告强烈的情绪反应，有些被试却几乎不受这种外围反馈的影响（Laird & Crosby, 1974; Bresler & Laird, 1983）。

依赖自生线索获取情绪信息的人在许多方面与使用情境线索的人不同。前者倾向于将情绪等同于"感觉"；后者则自带"判断"，因为后者认为必须在给定环境中体验适当的情绪（Laird & Crosby, 1974, p. 57）。依靠自生线索来"解读"主观情绪状态的人受到面部表情反馈、凝视和姿势反馈的深刻影响（Duclos et al., 1989）。例如，在诱导他们注视陌生人的眼睛后，较之依赖情境线索的人，他们更容易认为陌生人具有浪漫吸引力（Kellerman et al., 1989）。当他们面对所害怕的事物（比如说蛇）时，假"镇定剂"并不能减轻他们的恐惧（Duncan & Laird, 1980; Ross & Olson, 1981; Storms & Nisbett, 1970）；他们都非常清楚自身的感受——恐惧！此外，如果情绪材料与适当的面部表情相关联，他们的记忆效果往往更好（Laird et al., 1982）；如果允许他们先模仿他人的面部表情再猜测感受，他们也能更好地识别他人的情绪（Wixon & Laird, 1981）。那些依赖情境线索来获取感受的人则恰恰相反。

因此，我们认为依赖自生线索的人比依赖情境线索的人更易受到情绪的感染。

假设 5.6：情绪反应和情绪传染

为推进情绪反应之体质差异的研究，克莱因和卡乔波（Klein & Cacioppo, 1993）开发了自主反应量表（Autonomic Reactivity Scale），用于评估个体在情绪情境中唤醒程度的差异。该量表包含两部分内容（见表 5.4）：其一，个体根据一系列唤起情绪的自主反应对自身表现打分（比如，"一快乐，就会觉得虚弱和颤抖"）；其二，基于躯体感知问卷（Somatic Perception Questionnaire; Shields & Stern, 1979）中的选定条目，要求被试表明其觉察到自己以六种不同方式（比如手心出汗）对唤醒事件做出自主反应的程度。

表 5.4　自主反应量表

第一部分：你有多了解自己？

针对以下条目，从 0（**绝不能形容我**）到 5（**完全能形容我**）进行 6 点打分。请尽可能准确诚实地回答。

1. 一焦虑，心率就会加快。

2. 在重要的约会前总是手心冒汗。

3. 面对不愉快的事情（比如告诉别人自己让他们失望了），就会呼吸变乱。

4. 任何突然的变化都会直接影响自己的情绪。

5. 一焦虑，就不会说话。

6. 一焦虑，呼吸就会变得急促。

7. 最后期限前的工作会让我汗流浃背。

8. 一焦虑，就会感觉胃部发沉下坠。

9. 站在一群人面前，就会胃部翻腾、手心冒汗。

10. 一焦虑，喉咙就会哽咽。

11. 同时做几件事会让自己很慌张。

12. 一焦虑，心跳声会更大。

13. 一焦虑，就能感受到心跳的变化。

14. 一快乐，就会觉得虚弱和颤抖。

被试按照以下评分给出答案：

0　绝不能形容我

1　很少能形容我

2　偶尔能形容我

3　有时能形容我

4　经常能形容我

5　完全能形容我

第二部分：请用与第一部分相同的 0 ~ 5 分制，指出你在以下情况下对每种反应的觉察程度：（a）重要的面试之前；（b）在陌生人面前进行演讲或演示之前；（c）去医生或牙医诊所之前或在诊所等待时；（d）任何其他你觉得会被唤起的情况。

1. 手心出汗。

2. 咽喉肿痛或口干。

3. 察觉到心跳。

4. 胃很紧张。

5. 全身出汗。

6. 尿频或尿急。

资料来源：Klein & Cacioppo, 1993.

假设 5.6 指出，习惯做出情绪化反应的个体易于与他人共享情绪体验。在新近的两个研究中，克莱因和卡乔波（Klein & Cacioppo, 1993）除了使用面部表情量表（FES）和感性沟通测验（ACT），还使用了自主反应量表和情绪传染量表（Doherty et al., 1993）。如第四章所述，在面部表情量表上得分高的个体往往在情绪传染量表上得分也高。这两个研究则发现，在自主反应量表上得分高的个体往往在情绪传染量表上也具有高得分（$r = +.51$, $N = 62$, 研究 1；$r = +.51$, $N = 33$, 研究 2）。更重要的是，自主反应量表得分和面部表情量表得分仅存在弱相关（$r = +.32$, $N = 62$, 研究 1；$r = +.11$, $N = 33$, 研究 2）；并且，两个研究都预测了个体在情绪传染量表上显著而独特的得分差异。因此，在情绪情境中倾向于有生理反应的人尤易受到情绪的感染。

情绪易感性的性别差异

第四章中的证据表明，西方文化中的女婴本不比男婴更具情绪表现力，但成年后的女性的确比男性更具表现力。还有证据表明，女性比男性更易觉察他人情绪。

哈维兰和马拉泰斯塔（Haviland & Malatesta, 1981）在分析婴

儿和儿童解读非言语交流能力的发展过程时指出，从出生开始，男孩在解读他人情绪方面就远不如女孩。接下来，我们将回顾支持这一结论的证据。

首先，为了理解别人的感受，你必须注意别人（否则就有可能错过线索）。从各项指标来看，自出生以来，女性就比男性更关注他人的情绪表达。例如，从出生后第 1 天起，女性就比男性更善于建立和保持眼神交流（Haviland & Malatesta, 1981; Hittelman & Dickes, 1979）。女孩及女人建立眼神交流的速度更快、频率更高，保持眼神交流的时间更长，且花在眼神交流上的时间也更多；相较之下，男孩及男人则更有可能转移目光（Haviland & Malatesta, 1981）。此外，至少从 4 岁开始，女性就更擅长处理、存储和检索社会刺激，如面孔、名字或声音（Feldstein, 1976; Haviland & Malatesta, 1981）。

其次，哈维兰和马拉泰斯塔（Haviland & Malatesta, 1981）还发现，男性在准确解读他人非言语情绪线索方面也不如女性。霍尔（Hall, 1978）对 125 个研究进行了元分析，以探讨这一能力的性别差异。她发现，无论表达者是什么性别，也无论采用何种交流方式（面部表情、声音、姿势，或它们的某种组合），各年龄段的女性都能更准确地判断其情绪状态（情绪刺激以各种方式呈现，包括图片、照片、电影、录像、标准内容语音、随机拼接的语音和电子过滤语音）。在发现了性别差异的所有研究中，女性在 84% 的研究中具有优势，而男性仅在 16% 的研究中具有优势，尽管这些差异本身的幅度并不大。女性只是更善于解读尴尬的眼神、高傲的微笑或犹豫的话语所传达的意思。这种优势在面部线索上最明显，在身体线索上次之，在声音线索上最不明显。

关于女性比男性更善于判断他人情绪，霍尔提出了几种原因：也许前者一出生就对他人的感受特别敏感，或因社会教导而习得了这一特质；又或者，受压迫的地位使她们特别适应非言语交流——特别是如果这些线索能让其预测有权势者的意愿的话，则更是如此。

> "我知道，如果亚当喜欢并娶了她，她是不会离开的……"莉
> 丝贝特说。
>
> 赛斯停顿了一会儿，抬头看着母亲的脸，微微有些脸红："什
> 么！她对你说过这种话吗，妈妈？"
>
> "这还用说？不，她什么也不会说的。只有男人得等人家说了
> 才知道。"
>
> ——乔治·艾略特，《亚当·比德》

163　　　拉里·麦克默特里（Larry McMurtry, 1989）在小说《吹口哨的
人》中描述了退休的电视编剧丹尼·戴克的不安，因为前女友珍妮比
他更了解自己的情绪状态：

> 纽约的天刚亮，我就打电话给珍妮，她是个早起的人。……从
> 打招呼的语气中，我知道这不是最好的时机，她对这一天的看法并
> 不乐观。但一听到我的声音，她立刻振奋起来，情感天线迅速张
> 开。一想到她已亮出天线，我就感到紧张和犹豫，因为珍妮的接收
> 设备——她那脑子和直觉——接收到的信号太多了。她不经意间能
> 听到的信息也比我真正想让她听到的要多；而她一旦认真起来，就
> 像现在这样，听到的不仅比我想让她听到的要多，也比我知道自己
> 在说的要多。（pp. 308-309）

> 有眼有耳的人都知道无人能保守秘密。即使嘴唇紧闭，指尖也
> 会喋喋不休，每一个毛孔都透露出泄密的信号。
>
> ——西格蒙德·弗洛伊德

诺勒（Noller, 1986）曾检视过一系列理论，这些理论旨在解释

两性在解读象征性的有意信息和自发的非言语信息方面的差异。她发现，女性在解读来自伴侣、朋友和陌生人的信息方面同样擅长，男性则更能准确地判断出相识之人想说什么，但并不擅长解读陌生人的信息。两性都难以解读欺骗性和不一致的沟通信息（比如当面部表情信息与声音信息不一致时）。综合考虑各种可能解释后，诺勒认为最终原因可能在于女性比男性更了解非言语交流的含义和用法，她们更了解、赞同并能够利用主导沟通的社会规则。

罗森塔尔和德保罗（Rosenthal & DePaulo, 1979a, 1979b）为此提供了额外证据。他们发现，对非言语线索敏感的人通常拥有更好的人际关系，虽然有时知道朋友的全部想法和感受反而会影响友谊。他们开展了一系列有趣的实验，验证了女性比男性更"有礼貌"（即她们不会"偷听"别人的谈话）的假设。不同的非言语渠道的"控制－泄密"（control vs. leakiness）性能各不相同；人们进行情绪"假装"的难度取决于其所使用的沟通渠道。

> 根据其泄密程度，可对不同的非言语渠道进行如下排序：面部表情最受个体控制，泄密最少；身体比脸更易泄密；声音比身体更易泄密；非常短暂的"微表情"／身体线索暴露更容易泄密。最后，个体更难控制不同渠道间的差异，因此这种差异最易泄密。（Buck, 1984, p. 266）

罗森塔尔和德保罗还发现，随着非言语线索的泄露，女性破译非言语信息的技能反而逐渐变差，这与他们的预测相符（女性更善于读懂面部表情而非肢体语言，更善于读懂肢体语言而非语调，最不擅长解读前后矛盾的信息）。

还有研究发现，女性比男性更擅长解读刻意而非自发的情绪表达（Fujita et al., 1980）。这可从罗森塔尔和德保罗的观点中得到解释：自发的表达更可能包含泄密的线索（Manstead et al., 1982）。

若女性确实比男性更关注他人，更多地模仿他人的面部表情、声音和姿势，更多地依赖外围反馈，那么她们也应比男性更易受他人情绪的影响。有证据表明，女孩及女人确实更易察觉他人情绪。正如哈维兰和马拉泰斯塔（Haviland & Malatesta, 1981）在回顾 16 个研究（研究对象是 3 岁及以上儿童）后所发现的：

> 若以匹配的情绪反应来衡量共享情绪的能力，那么无论是匹配面部表情或声音表达，还是匹配口头情感报告，女孩都可轻而易举地"获胜"。（pp. 192-193）

165　其结论是：

1. 这一差异并不总是明显的，发展趋势也不完全一贯。如果综合迄今所有的研究结果，我们不得不得出这样的结论：在对情绪线索的非言语敏感性方面，女性有绝对的优势，并呈现出发展的连续性。所有年龄段的女性都比男性表现出更多的目光凝视，更擅长记忆面孔、辨别各种表情，其情绪反应（由匹配表情来衡量）也更强烈。

2. 尚不清楚这些差异源于初始动机的差异，还是反映了绝对能力的差异。（p. 193）

多尔蒂等（Doherty et al., 1993）还探讨了情绪传染量表得分的性别与族裔差异。他们采访了来自不同群体的 884 名男女，包括大学生（年龄为 18 ~ 53 岁，平均年龄 22.8 岁）、医生（24 ~ 80 岁，平均年龄 40.9 岁）、水兵（18 ~ 44 岁，平均年龄 24.7 岁）。样本可以代表夏威夷的多元文化人口，包括非裔、华裔、欧裔、菲律宾裔、夏威夷原住民、日裔、韩裔、萨摩亚岛民以及其他血统的人。在各群组中，女性都比男性更容易受到情绪的感染（见表 5.5）。他们还比较了两性在情绪传染量表各子量表上的得分。在将情绪分为两类，即积极情绪（喜悦和爱）和消极情绪（悲伤、愤怒和恐惧）后，他们发现女性表示自己比男性更易受到他人情绪（无论积极与否）的影响。最后，他们比较了两性在觉察每种情绪上的差异。结果发现，女性比男性更易觉察每种情绪，对于一般情绪而言也是如此。

表 5.5　性别和职业与情绪易感性的关系

情绪传染得分	性别		职业		
	男性	女性	学生	医生	水兵
总得分	2.82[a]	3.03[b]	2.95[a]	2.89[ab]	2.81[c]
积极条目	3.19[a]	3.36[b]	3.30[a]	3.18[b]	3.19[bc]
消极条目	2.51[a]	2.78[b]	2.68[a]	2.62[ab]	2.48[c]
个人情绪					
喜悦	3.14[a]	3.31[b]	3.27[a]	3.11[b]	3.08[bc]
爱	3.28[a]	3.46[b]	3.35[a]	3.30[b]	3.37[a]
恐惧	2.61[a]	2.96[b]	2.83[a]	2.70[b]	2.59[bc]
愤怒	2.39[a]	2.49[b]	2.45[a]	2.49[ab]	2.35[c]
悲伤	2.50[a]	2.83[b]	2.71[a]	2.63[ab]	2.46[c]
一般	2.94[a]	3.08[b]	3.00[a]	3.03[ab]	2.95[b]

注：每组（"性别"或"职业"）中，不同上标均表示存在显著差异。
资料来源：Doherty et al., 1993.

❖ 各类关系中的情绪易感性

哈特菲尔德等（Hatfield, Cacioppo, & Rapson, 1992）指出，处在特定类型关系中的个体或对情绪尤其易感：

- 热恋中的情侣尤易觉察爱人的情绪。
- 母亲尤其乐于共享婴儿的情绪（事实上，母婴关系可能是人们　　　*166*
  "超出界限"的那种关系的原型）。

- 煞费苦心关注他人福祉的人更易受到情绪的感染。例如，心理治疗师擅长觉察来访者的情绪，教师擅长觉察学生的心情，照料者擅长觉察被抚养者的感受。
- 酗酒者的孩子（"相依为命者"）可能对陷入困境的父母的心情变化特别敏感。
- 高权力者对他人情绪更具抵抗力，低权力者则更易受他人情绪的影响。

总之，男女在以下两种关系中都更易感：（1）恋爱或其他亲密关系；（2）权力关系。已有系列研究证实了这两点，接下来将回顾相关证据。

167 爱和喜欢在情绪传染中的作用

> 当两人已合为一体时，若有一人受苦，则另一人也难独善其身。
>
> ——欧里庇得斯

爱在情绪传染中的作用

公元前 5 世纪，柏拉图在《会饮篇》（Plato, 1953）中曾针对爱的起源，提出了一个颇具反讽性的理论。在他看来，人类最初有三种性别："男－男"人、"女－女"人，以及雌雄同体的阴阳人。起初，人体是圆形的，腰和背都是圆的。他们有一个头、两张脸（总是朝相反的方向看）、四只耳朵、四只手、四只脚以及一对生殖器。他们可直立行走，还可随心所欲地向前或向后走。他们也可快速翻身，四手四脚能像不倒翁一样灵活地转动。

后来，神和人类产生了冲突。为了惩罚人类的傲慢，众神把"男－男"人、"女－女"人和阴阳人都切成两半，"就像人把酸苹果切成两半腌制一样"。此后，人的两半游荡于世界各地去寻找失去的另一半。在柏拉图的构想中，曾经完整的"男－男"人的一半变成了"最好的人"：这些人强健果敢、充满男子气概，接纳与自己相似的人（其他男人）。雌雄同体的一半也继续寻找另一半：男人成为女人的伴侣，女人则贪恋男人。最后，曾经完整的"女－女"人的另一半继续寻找失去的自我，渴望同性之恋。故而，人类总是渴望完整，寻求与另一个人的融合。这就是柏拉图所认为的爱的本质：两个有缺陷的人彼此结合而终成一体。

许多文学作品与柏拉图的这一主题遥相呼应：人类于爱情之中，寻求与迷失自我的融合。在艾米莉·勃朗特（Emily Bronte, 1847/1976）的《呼啸山庄》中，凯茜向护士耐莉倾吐衷情，解释她为何爱希刺克厉夫：

> 现在嫁给希刺克厉夫无异于自贬身份，所以他永远不会知道我多么爱他。那倒不是因为他长得帅，耐莉，而是他比我更像我自己。不管我们的灵魂由什么做成，他和我的都是一样的。……
>
> 我说不清楚，但你和别人肯定都能了解。那就是，或者应该是，在你之外有另一个你存在。如果我完完全全禁锢于此，我的到来还有什么用呢？我于这世间最大的痛苦就是希刺克厉夫的痛苦，我从一开始就注视和感受着每一种痛苦，我的生活中最挂念的就是他。即使一切都毁灭了，只有**他**还活着，我还会继续存在；如果其他一切都留下来，而他却毁灭了，这个世界就会变成一个极其陌生的地方，我会属于其中。……耐莉，我**就是**希刺克厉夫。他总是，总是在我心里。他不是一种快乐的源泉，就像我并不总是我自己快乐的源泉一样。他只是如我自己般的存在。所以，别再谈我们分离的事了。（pp. 100–102）

温莎公爵和夫人在婚前的情书中称他们为 WE——W 代表华里

168

丝（Wallis），E 代表爱德华（Edward）①。[有时，哈特菲尔德和拉普森的来访者会把这两位治疗师当成一个人，经常称其为"迪坎德莱恩"（Dickandelaine）②。若只有一人在场，这尤其令人不安："嗯，迪坎德莱恩，情况是这样的。"]在某种程度上，恋人是"一体的"，我们或许期望他们是有力的情绪接收者。

无论多爱一个人，感情有时也只剩苍白。刘易斯（C. S. Lewis, 1961）在小说《卿卿如晤》中描写了他深爱的新婚妻子。在发现她不久将死于癌症后，他们决定快乐地度过余生：

> 说来或许叫人难以相信，一切的希望都落空之后，我们竟还在一起享受了许多极其欢乐快活的时光。我们在聊天中度过她生命中的最后一夜，我们聊得那么长久、那么安详、那么地滋润彼此的心灵。

> 但也不能完全感同身受。"一体"是有限度的。你不能真正分担他人的弱点、恐惧或痛苦。可能会有人说自己的感受会同他人的感受一样糟糕，但我无法相信这一点。实际情况还是大不相同。提到恐惧时，我指的仅仅是动物般的恐惧，是有机体行将消亡时的畏缩，令人窒息，就像困在陷阱中的老鼠所体验到的窒息感。这种感受无法传递。心灵或可产生共鸣，身体的共鸣程度却较差。在某种程度上，恋人的身体恰好最难做到这一点。两人之间的爱已使他们以互补甚至相反的方式对待彼此的感情，而不会绝对相同。

> 我俩对此都心照不宣。我的愁苦自归于我，不属于她；反之亦然。她的痛苦结束之日，正是我的愁苦最盛之时。我们正在分道扬镳。（pp. 14-15）

---

① 爱德华八世因爱上已婚的美国女子华里丝·辛普森，面对社会和政治压力，于 1936 年放弃英国王位，成为历史上唯一自愿退位的英国君主。这一现代版"不爱江山爱美人"的传奇故事，反映了追求个人幸福与承担国家责任之间的冲突，成为历史上的经典案例。

② 即"Dick and Elaine"（迪克和伊莱恩）。

喜欢在情绪传染中的作用

许多研究者指出，人们更愿意模仿自己喜欢的人并复现其情绪。我（哈特菲尔德）的一个研究生几年前因不堪丈夫的虐待而离婚。在提到正处于青春期的儿子曾与父亲共度暑假时，她表示很害怕。儿子太喜欢爸爸了，回来时留了他爸爸的发型，穿着、言行、举止都像极了他爸爸。德斯蒙德·莫里斯（Desmond Morris, 1966）极力主张，融洽关系与模仿和传染高度相关。在此不避烦琐，引述如下：

姿势回声

两个朋友见面并随意聊天，通常采用相似的身体姿势。如果他们情意甚浓，对话题又持相同的态度，那么他们的身体姿势就会变得更加相似，以至于在彼此复制对方。这并不是在刻意模仿。朋友间会自动沉迷于所谓的"姿势回声"（postural echo），他们这样做其实是无意识的，是躯体上对友情的自然展现。

对此，可有充分的理由。真正的友谊只存于大致具有同等地位的人之间。这种平等有多种间接表现方式，在面对面的接触中，互相匹配的、或放松或警觉的姿势会增强这种平等感。通过这种方式，身体传递了一种无声的信息："看，我就像你一样。"这种信息不仅是无意识中产生的，也是无意识中得到吸收的。当这样做时，朋友们只是"感觉很好"。

姿势回声可达到相当高的一致性。一对朋友在餐馆里聊天时，都用同样的肘部部位靠在桌子上，身体向同一个角度倾斜，并用相同的节奏点头；另一对朋友则斜靠在扶手椅上，翘着同样的二郎腿，一只胳膊搭在膝盖上；站在墙边聊天的那对朋友，身体斜倚着墙，一只手深深插在口袋里，另一只手放在臀部。

更令人惊讶的是，他们说话时经常会同步动作。一个人若跷起二郎腿，另一个人很快也会跟着；一个人稍微往后靠，另一个人也

170

会往后靠。一个人点烟或喝酒时，会试图说服另一个人一起来。如果被拒绝，他会感到失望，这不是因为他真的在乎朋友是否会抽烟或喝酒，而是因为如果不同时这样做，他们的行为就会稍微失去同步。在这种情况下，我们经常看到一个人坚持让朋友跟自己一道抽烟或喝酒，即使对方明显不感兴趣。"我不想自己一个人喝酒""只有我一个人抽烟吗？"是这种情况下经常听到的话。而且，为了保持同步，不情愿的同伴往往会不顾自己的意愿而让步。

"过来坐吧，你自己站在那儿，显得很不舒服。"这是另一种常见邀请，它有助于增强姿势回声。一群朋友通常会尝试以这样的方式安排自己，锁定彼此的身体姿势和运动节奏。此时的主观感觉是"放松"。一个人只要采取一种陌生的姿势——僵硬而拘谨，或焦躁而不安——就足以破坏这种自在。

同样，在一群活跃兴奋的朋友中，如果有一人无精打采地摆出不相称的姿势，他很快就会变得惹眼。他们会恳求他一起玩，如果因为某些私人原因，他不能参加，他们就会说他是个"扫兴的人"，破坏了今晚的气氛。同样，这个人没有**说**任何坏话，也没有打扰任何人，他只是摧毁了该群体的"姿势回声"。……

有时还可在同一群人中看到两组不同的姿势回声。这通常与群体争论中的"站队"有关。如果群体中的某三人与另外四人争论，两组成员往往采用不同的身体姿势和动作以示区别。有时候，甚至可以在某人口头宣布改变立场之前就预测到他已经要"变节"，因为他的身体已经开始与对方"队伍"的姿势趋同。而要调解群体争议的人会摆出一种中间的身体姿势——手臂向一方交叉，腿则向另一方交叉——好像在说"我是中立的"……

最近的美国俚语中出现了两个词，即"投缘"（good vibes）和"不投缘"（bad vibes①）……这些词表示与某人在一起时觉得自在或

---

① vibe 有"氛围、感应"的意思。

不自在。这可能反映了人们对以下两样东西之重要性的直觉认识：姿势回声，以及日常互动中身体小动作的无意识同步。（pp. 83-85）

许多研究都支持上述观点。例如，第一章就回顾了融洽关系与声音模仿/同步有关的证据；还有证据表明，人们更可能"吸收"自己喜欢的人的情绪。

费什巴赫和罗（Feshbach & Roe, 1968）曾研究了性别相似性对情绪传染的影响。他们认为，孩子对同性的目标最感兴趣，也最能感同身受。研究者告知一年级男生和女生去看和听同龄孩子的照片和故事，并向他们展示一系列儿童主题幻灯片，里面的儿童明显表现出快乐、悲伤、害怕或生气的情绪，同时向他们讲解幻灯片中儿童所处的情境（比如开生日聚会、丢了狗、迷了路、有人抢走了他们的玩具等）。看完每张幻灯片后，研究者询问孩子们的感受，并要求**他们**猜测目标儿童的感受。正如所预测的那样，如果目标儿童与自己的性别相同，孩子们更有可能感同身受。

在另一经典实验中，丹尼斯·克雷布斯（Dennis Krebs, 1975）探讨了喜欢和感知相似性对情绪传染的影响。在正式实验前，研究者对男大学生进行了一系列性格和价值观测试。在实验过程中，研究者引导一半男性相信自己与实验搭档（"假被试"）具有很多相似性，引导另一半认为他们之间非常不同。然后，被试观察自己的搭档玩轮盘赌，后者有时会赢有时会输（每次受到电击时，搭档都会显得很"担心"，并"疼痛"地抽搐手臂以示痛苦）。对照组被试仅观看搭档执行一系列无害的感知和运动任务。不出所料，认为自己与搭档相似的被试对搭档的痛苦感受最深：一旦预料到搭档会遭受电击，他们就表现出最强烈的生理反应（皮肤电导水平和心率的增幅最大）。

172

失意之情可以自我传播，可以传染他人。这与欣喜之情不同。……奇怪的是，荣耀感却无法共享。

——A. S. 拜厄特

人们并不总是共享他人的情绪。詹姆斯（James, 1890/1922）发现，人们喜欢看到自己崇拜的人成功，乐于分担其痛苦；同时，他们还乐于看到不喜欢的人受苦，见不得他们活得快乐。我们都能想到人们不是正面回应，而是以相反方式对待他人情绪的事例。例如，小男孩可能会以折磨妹妹为乐。1991 年，因为嫉妒前室友获得了令人垂涎的物理学奖提名，艾奥瓦大学一位物理学研究生枪杀了室友和四位教授。德国人甚至为以朋友之苦为乐这一现象起了一个名字：*Schadenfreude*（幸灾乐祸）。因此，可预测面对对手或敌人，个体应该特别能抵抗对方的情绪。

仇恨和敌意在情绪易感性中的作用

有证据表明，对于自己讨厌或不喜欢的人，我们难以共享其情绪。齐尔曼和康托尔（Zillmann & Cantor, 1977）给二年级和三年级小学生播放了一部电影，影片中孩子的表现或友善或中立或恶毒，具体如下：

友善主角： 影片开始，一个小男孩开开心心地与小伙伴友好互动。回到家，他亲热地跟家里的小狗打招呼，抚摸拥抱了它。随后，弟弟向他要午饭吃，他毫不犹豫地给弟弟分了一半三明治。弟弟又让他帮忙修理玩具飞机，他也二话不说地答应了。

恶毒主角： 影片开始，一个男孩与一群同龄男孩站在街边，举止粗鲁，毫无缘由地推搡某个男孩。回到家，他对狗又打又踢。随后他给自己做花生酱三明治。弟弟前来讨要时，他拒绝并嘲笑弟弟没有面包。当弟弟求他修理坏了的玩具飞机时，他干脆把飞机砸得更烂。（p. 158）

173

在电影的后半部分，研究者操纵了影片中男孩的境遇。一半情境下，男孩的父母叫他到外面来，送给他一辆漂亮的新自行车，最后的画面定格为他非常开心地骑车上街；另一半情境下，男孩骑车爬陡坡摔倒了，最后的画面定格为他一脸痛苦地咧着嘴哭。研究者问小学生在观看影片时的快乐或悲伤程度。友善或中立主角情境下的孩子们能够共享影片中人物的悲喜之情，恶毒主角情境下的孩子们的反应却截然不同：影片中的男孩高兴，他们便很不高兴；男孩痛苦，他们就很高兴。本实验还秘密录下了学生观看影片时的面部表情，但未能解读出他们的反应。

布拉梅尔等（Bramel, Taub, & Blum, 1968）也提出了类似的观点：

> 真心喜欢一个人的话，他快乐，我们也快乐；他痛苦，我们也痛苦。若不喜欢这个人，反应便恰好相反。（p. 384）

为了验证这一假设，研究者邀请男女被试在一个治疗项目中扮演"医生"。等待实验开始时，被试会结识另一位同样参与这个项目的大学生（假被试）。他对一半被试彬彬有礼、态度友好，对另一半被试则表现得自以为是、盛气凌人、十分无礼。

然后，研究者告知被试自己要作为"医生"，并听一盘大概 6 ~ 9 个月前录制的磁带：他们刚认识的学生（"病人"）接受过各种药物注射，还需在这些药物的作用下执行一系列任务。被试要"像治疗师对真正病人的反应一样"（p. 386）去评估这个学生。接着，被试开始听磁带。目标对象服用的药物可能会让他感到欣快、无感或痛苦，并显著影响其任务表现：在欣快条件下，目标对象疯狂地咯咯笑，时不时陷入幸福的幻想；在中性（无感）条件下，目标对象的反应缓慢、平淡、温和，可能是因为药物阻断了所有强烈的情绪；在痛苦条件下，目标对象表现得沮丧、恶心，情绪很糟，身体受苦。被试需（私下）表明**他们**在听这些磁带时愉快和感兴趣的程度。结果发现，无论是好

174

情绪还是坏情绪，那些受到目标对象礼貌对待的被试都能共享前者的情绪：他们更愿意听到欣快而非痛苦的药物反应。那些被目标对象侮辱过的被试则并不"待见"其情绪：无论他是欣快还是痛苦，被试都一样高兴或不高兴，对他的态度都很生硬。可见，对于喜欢的人，人们更能接受他的情绪波动。

竞争在情绪传染中的作用

最后，有证据表明强烈的情绪会淹没情绪传染的小涟漪。

在一项研究中，英格利斯等（Englis et al., 1981）邀请学生两人一组玩股票博弈游戏。他们需要尝试猜测哪些市场指标会上升，哪些则会下降；猜对能赢钱，猜错则会受到电击惩罚。游戏过程中，被试能通过显示器上看到"彼此"（实际观看的是其他被试得知自己输赢时的反应的录像带）。一些被试的输赢与搭档（假被试）的输赢**有关**：他们很快发现，搭档微笑就表示自己猜对了，搭档痛苦地做鬼脸便表示自己猜错了，且会遭受电击。其他被试则与搭档**竞争**：他们很快知道，搭档（假被试）痛苦蜷缩是一个明显的信号，表明自己猜对了、赢了；而搭档微笑就表示自己猜错了，并很快会受到电击。可见，在竞争条件下，被试的面部表情和面部肌肉活动（皱眉肌、咬肌和鱼尾纹区域的活动，以及心率和皮肤电导活动）反映的是**自身**的快乐或痛苦（与搭档表达的完全相反），而非对搭档面部情绪的模仿。

毫不奇怪，当人们主要关注自身的利益时，他们的情绪也很可能主要为自身的私利所左右，此时对存在利益竞争之人的感情就显得苍白无力。

权力和情绪传染

权力对情绪易感性的影响如何？赫希等（Hsee et al., 1990）以及其他研究者提出，无权者更有可能关注和体验 / 表达那些有权者的情绪，但反过来的现象却不存在。已有一些理论试图解释权力高低和对他人的敏感度之间的这种负向关系。首先，有权势的人没有特别的理由去关心下属的想法和感受，因此前者很少注意后者。相反，下属则有充分的理由对上级的动机感兴趣：要赢得上级的青睐，下属必须了解上级，因而自会密切关注上级。在塞尔玛游行时，马丁·路德·金也曾对白人很少了解黑人的思想、感情和经历这一现象表示惊讶。这其实是因为黑人**不得不**深入地了解白人。

其次，上级没有理由关心自己留给下属的印象，他们可以直接表达自己的想法和感受。因此，下属很容易对此做出"解读"并回应（Snodgrass, 1985）。相反，下属可能会伪装成上级希望他们成为的样子去思考和感受事情，以致上级可能难以"解读"他们的真实心理（Hall, 1979; Miller, 1976; Thomas, Franks, & Calonico, 1972; Weitz, 1974）。已有一些研究证据表明，占有权力与对他人感受的敏感性之间的确呈负相关（Hall, 1979; Snodgrass, 1985）。

儿童发展领域的研究者曾探索过自然情境下，占据主导或非主导地位的成人和儿童对其他儿童（2~5岁）的影响（Grusec & Abramovitch, 1982）。他们发现，学龄前儿童对他人的模仿甚至比更年长的孩子还要多。研究者仔细观察了占主导地位的成人和儿童，发现他们的手势、社会行为和工具性行为经常被其他孩子模仿，后者也通常会因为这种模仿而得到奖励。但令人意外的是，研究还发现占主导地位的人也经常模仿他人行为。这一"模仿－被模仿"过程似乎促进了社会互动，且在模仿他人和被他人模仿这两方面，居于主导地位的人似乎都要比未占主导地位的同龄人有"更好"的表现。

176

赫希等（Hsee et al, 1990）检验了权力和传染存在负相关关系的假设。他们以大学生为被试，要求他们完成一些学习任务。其中，一些被试扮演教师（有权者），负责教授别人一串无意义音节；如果觉得有帮助，他们可以对学生施加可令人战栗（而无害）的电击。另一些被试则扮演学生（无权者），其任务是努力学习无意义音节。

结果有些出人意料。正如所预测的那样，实验被试在所有情况下都倾向于捕捉他人的情绪，但没有证据表明有权者比无权者更能抵抗他人的情绪！事实上，如果一定要说有什么结果的话，那就是有权者反而**更**容易受到情绪的感染！我们应当如何解释这一现象呢？首先，有可能研究者操纵的不是权力而是**责任**：那些扮演教师的被试或许与真的教师一样，对所负责的学生感到负有同样的责任，甚至可能比学生自身对学习的责任感还要强。其次，被试的情绪和权力可能同时受到了操纵：教师可能更冷静、平静和镇定，易于集中全部注意力于手头任务，能吸收同伴所说的一切并做出反应；相反，学生可能非常焦虑，因而难以接收信息。随后的研究部分支持了上述论点（Hsee et al., 1991），但要确定权力与情绪传染之间的关系还需更多研究。

尽管证据仍有不足，但一些应用心理学家却像证据已然确凿一样来说明两者之间的关系。例如，《新闻周刊》上的一篇文章（Reibstein & Joseph, 1988）就建议白领们通过模仿来获取成功。

177

模仿成就巅峰：员工所有的正确举动均来自老板

下面是这样一个场景：微软的高管们正在开会，联合创始人兼首席执行官比尔·盖茨正在讲话。随着他的情绪变得激昂，他开始在椅子上来回摇晃，而且晃得越来越快。坐在他周围的几名高管很快也开始来回摇晃。盖茨不时推一推鼻梁上的眼镜，同事们也不时把眼镜往上推推。

这个场景有什么问题吗？事实上并没有。心理学家称这一现象为"镜映"（mirroring）或"模式化"（modeling, patterning），尽管隔壁办公室的同事管这叫"拍老板马屁"。无论有意与否，下属都表现出一种从未间断的趋势，即模仿老板的举止、手势、说话方式、着装，有时甚至是模仿老板对汽车和住房的选择。在某种程度上，这是一种可以接受的行为模式。有些人对老板的认同是如此强烈，以至于一旦老板换了工作，下属就会觉得自己已被抛弃。

专家说，这种模仿的动机与孩子模仿父母的动机是一样的。帕洛阿托应激相关障碍研究中心主任罗伯特·德克尔（Robert Decker）说："通过模仿，我们向最强大的人表示敬意和忠诚。"他指出，在一个群体中，真正的权力所有者是被模仿的那个人，而不是头衔最高的那个人。

当下属故意这样做时，他们是在试图赢得老板的认可。在 IBM 公司的一个办公室，过去的企业文化要求办公桌是钢制的，椅子是灰色的。某一天，一位高级经理带了一个曲线形的亮橙色烟灰缸放在办公室。没过几天，办公室里就出现了各种五颜六色的东西。硅谷咨询师琼·霍兰兹（Jean Hollands）表示："若一名高管认为自己能引起老板的兴趣，他就会坐同样的航班，点同样的午餐黄瓜沙拉，佩戴同样的袖扣。"

一旦这种行为滑向谄媚主义或伤害了老板的自尊，危险就来了。高管礼仪顾问利蒂希亚·巴尔德里奇（Letitia Baldridge）回忆说，曾有一位年轻的助理为了取悦总是穿格纹衣服的老板，自己也穿了一套格纹西装。老板立即命令他回家换衣服。这是因为下属的这一行为削弱了老板的独特性。不过，大多数老板喜欢被模仿。霍兰兹举了加利福尼亚州一家公司的例子，一位前华盛顿政客接手这家公司当老板后，这家公司的高层管理人员都对政治产生了兴趣。

"像个混蛋"：很多特征是无意中显现的，有时只是为了应对压力。一位像老板一样点头的奥克兰律师说："我觉得自己像个混蛋，因为我受不了他。"然而，无意中显示的特质很容易被取代。埃默生·莱恩·福图纳（Emerson Lane Fortuna，波士顿一家广告公司）的媒体总监莫林·麦克纳马拉（Maureen McNamara）说，前任上级留给她一个会用大声吞咽表达惊讶的下属。但不到一周，

178

这位助手就不再这样了，而是学会了她说"真的吗?!"的方式。这个举动可真精明。正如麦克纳马拉所说，"我喜欢向上模仿"。

模仿的好处（如职业发展）并不一定适用于所有人。语言学家简·福尔克（Jane Falk）表示，少数族裔和外国人常常对解读跨文化或不同性别的老板的非言语特质感到困惑。他补充道，当少数族裔和外国人无法获得高层职位时，不愿模仿老板可能至少起到了很小的作用。这是因为"他们不在一个鼓点上"，福尔克说。（p.50）

莫里斯（Morris, 1966）在其前述有关姿势回声的著作中曾提醒我们，想要讨好他人的人不应该模仿别人所做的**一切**——比如，他们不能像上级一样显示权力。威廉·沃尔斯特（G. William Walster, 个人交流）讲述了他5岁时，看到父亲和朋友们亲切地问候对方——"最近怎么样，杰克?"——并开玩笑地用手轻拍对方背部。比尔非常喜欢自己的足球教练，所以下次见面时，他高兴地拍了拍教练的背，并问候"最近怎么样?"。他得到的只是冷冷的目光。这种亲昵超越了两人的关系限度。莫里斯也观察到，上级有时更愿意共享下属的情绪并模仿其行为，反之则不然（Morris, 1966）：

> 因为一致行动意味着平等的友谊，上级就可用这招让下属感到放松。治疗师可以通过故意模仿病人的身体表现来帮助后者放松。例如，如果病人安静地坐在椅子上，身体前倾、双臂交叉在胸前、盯着地板，那么治疗师若以类似的安静姿势坐在他身旁，则更有可能与他成功沟通。相反，若治疗师端坐在办公桌后，采取典型的主导姿态，他就会发现自己难以与病人接触。
>
> 无论上级和下属在何时见面，他们都会通过身体姿势来表明他们的关系。对于下属而言，掌握这一技能易如反掌。就像占主导地位的医生通过模仿病人的身体姿势故意从他的高位爬下来一样，如果下属愿意，他也可以通过模仿主导者的身体动作来让后者感到不

安。他不需要坐在椅子边上，也不需要急切地向前倾，他可以双腿前伸、身体歪斜，模仿面前贵人的姿态。这样一来，即使他仍然言语谦恭，其姿态也会产生强大的影响；不过，这招最好还是留给提交辞呈前的那一刻。（pp. 84-85）

❖ 需有情绪易感性 / 抵抗力的职业

- 新闻播音员总在晚上工作。
- 银行家喜欢连本带息。提前取款还得交罚款。
- 潜水员总想潜得更深。
- 律师总想替人做辩护。
- 消防员总是热火朝天。
- 社会心理学家善于做实验。
- 精神科医生精于分析。
- 社会学家爱做分组研究。
- 护士擅长照护人。

——职业标签

人们常为适合自身性格的职业所吸引；当人们全情投入职业时，职业又会进一步形塑其性格。

不同职业需要不同技能，这确有其理。比尔·克林顿曾向其密友吐露，小时候他需要与酗酒成性、滥施虐待、暴躁无常的继父周旋。这使他学会了避免产生直接冲突，而对达成共识和妥协感到最为自在。这一个性组合为他赢得 1992 年的美国总统竞选立下了汗马功劳：他能够与人产生共情，又不至于为他人的愤怒所激恼。乔·克莱因（Joe Klein, 1992）是克林顿竞选团队的随队记者，他举了这样一个例子：

那对老夫妇显然有些精神失常。他俩坐在老年人中心的第一排，大喊大叫。丈夫质问政府为什么一直给外国人钱，妻子则大吼**"我们的药呢？"**。这是新罕布什尔州初选前的星期五，一切似乎都已失去控制。贪婪的媒体围着克林顿狂轰滥炸：珍妮弗①说的是真的吗？你寄给后备军官训练队的那封信呢？②你**说**保持自己政治上的"生存能力"是什么意思？——现在，就连平民也开始发疯了。但他仍迟迟不走。他问那个女人，对药品你担心什么？"价格。"她说。"你要哪些药物，需要多少钱？"他问道。"医疗保险能覆盖多少？"他又问。"社会保险能给你多少钱？"他接着问。那个女人（名叫玛丽·戴维斯）谈起这件事时似乎平静了一些，但一说到"我们没有钱买药**和**买吃的"时，她突然哭了起来。克林顿立刻俯身弯腰搂住她，不断说"我很抱歉，我很抱歉……"并持续了很长时间。然后他站起来，擦了擦眼睛，继续往前走。（p. 14）

当然，某些情况下情绪过于敏感也不好。勒安妮·施赖伯（Le Anne Schreiber, 1990）在《中流》一书中指出，对别人的爱会妨碍我们为他们提供实质性的帮助。

昨晚，在得知妈妈得了恶性肿瘤后，我开始收拾行李，准备无限期地留在明尼苏达州。

……在飞机上，我一直在想上周二迈克第一次给我打电话后就让我担心的事情。我无法直视妈妈痛苦的样子。一看到她痛苦，自

---

① 即珍妮弗·弗劳尔斯（Gennifer Flowers），美国作家、歌手、演员，在1992年克林顿竞选美国总统期间，曾声称克林顿与自己有长达12年的婚外恋，从而引发大量舆论。
② 1969年12月，克林顿给阿肯色大学后备军官训练队的指挥官写了一封信。信中他解释了自己为何放弃参加该队的机会，并表示了对越南战争的反感和对美国政府征兵政策的不满，并称自己非常希望找到一种既不违背个人原则又能避免服役的方法。美国大选期间，反对者利用这封信攻击克林顿，指责他曾于战时逃避义务；而支持者认为，克林顿只是表达了对不公正战争的合理抗议。

己就会产生身体反应。如果她的手被熨斗烫伤了，我就会龇牙咧嘴；她一咳嗽，我的胸口就颤个不停。有一次，我们在埃文斯顿市中心购物，妈妈被人行道上的一条裂缝绊了一跤，头朝下摔倒在人行道上。我浑身发疼，当看到她眼中的恐惧时，我差点就晕了过去。她的右半边脸看起来骨折了，凹了进去。当她问鞋店里有没有镜子时，我撒了谎，我们就在那等救护车。我还记得自己努力地盯着她看，好像什么事都没有，她美丽的脸庞还完好无损。

在她数十年的健康生涯中，我只目睹了几次罕见的事故。因此，我从来不必压抑，甚至无须去想自己的身体会与她的身体产生如此冲动的同步变化。现在她所面临的威胁变得如此极端，我该如何应对？如果我只能成为她自身痛苦的一种投射，我能给她哪些帮助、哪些安慰呢？我想知道是不是所有的女儿都有这种感觉。（pp. 33-34）

米卡尔·吉尔摩（Mikal Gilmore）很害怕他的兄弟加里（Mailer, 1979）。加里蹲监狱时，米卡尔觉得自己很难鼓起勇气去探监——监狱中那种恐怖的氛围会重新唤起他过去曾有的全部恐惧：

米卡尔又开始沉浸在自己偶尔探望加里时常有的恐惧中。这种恐惧不仅来自加里，还来自探监室中死去的其他囚犯，那走廊中弥漫的压抑、冷漠、凝固的愤怒，以及无底洞般的暴力可能。过了一阵，米卡尔便不来探监了。（p. 500）

某些职业的从业者必须能够共享他人最细微、最短暂的情绪变化（比如街头哑剧演员，他们需能跟踪路人的面部表情、姿势和情绪表达）。有些职业则要求其从业者既能追踪他人的情绪，又能抵制情绪传染（心理学家和医生可能就属于此类）。还有一些专业人士，至少需在某些时候捍卫自身情绪而抵制客户或对手的情绪（出庭律师和军人可能就属于此类；急诊室的医生甚至可能不得不对死亡麻木不仁）。

多尔蒂等（Doherty et al., 1993）比较了不同职业中的两性在情绪易感性上的差异（本章前文的"情绪易感性的性别差异"部分曾提及这项研究）。研究对象共有三组：样本一为夏威夷大学的学生（290 名男性和 253 名女性）；样本二为医生（61 名男性和 24 名女性），分别来自埃瓦海滩的圣弗朗西斯西区医院皇后医疗中心和檀香山的特里普勒军事医院，其医学专业不尽相同，多数人在内科、放射科、儿科工作，还有些是全科医生；样本三为海军陆战队员（184 名男性和 71 名女性），他们来自位于檀香山的卡内奥赫海军陆战队航空站的第一海军陆战队远征旅，其军衔从一等兵到上尉不等。各样本成员的族裔构成多样。

182

研究者假设：

- 学生（刚开始接受职业培训）样本内的情绪易感性不存在显著差异（与职场人士相比，他们或多或少更容易受到感染）。
- 医生和海军陆战队员的情绪易感性存在显著差异。具体而言，他们在捕捉积极情绪方面不存在显著差异，但医生应该比海军陆战队员对消极情绪的捕捉能力更强。

如前面的表 5.5 所示，这些预测都得到了强有力的支持。学生组的情绪传染总分，以及他们在积极情绪和消极情绪上的得分均高于其他两组。此外，正如研究者所预测的，尽管医生和海军陆战队员在捕捉积极情绪方面没有显著区别，但医生确实比海军陆战队员更擅长捕捉消极情绪（如恐惧、悲伤和愤怒）。

❖ 小结

本章探讨了情绪易感性的个体差异。我们回顾了人们可以复现他人情绪这一假设的证据，其前提是：

1. 把注意力放在别人身上。

2. 置身与他人的相互关系中而理解自身。

3. 能读懂他人的表情、声音、手势和姿势。

4. 能模仿面部表情、声音和姿势。

5. 能觉察到自己的情绪反应。

6. 具有情绪反应能力。

与之相应，没有上述特质的个体应对情绪具有较强的抵抗力。

此外还有两点发现：第一，人们在涉及爱与权力的关系中最擅长捕捉他人情绪；第二，不同职业的人士拥有不同的共享或抵制他人情绪的技能。

第六章 ‖‖‖‖

启示和建议

❖ 引言

至此，我们面临一种内在的不一致性：一方面，人们能以惊人的速度模仿他人的面部表情、声音和姿势，因此他们也能以惊人的程度对他人的生活感同身受；另一方面，人们似乎又未意识到社会交往中情绪传染的重要性，也未意识到自身能多么迅速和彻底地追踪他人的情绪表达。

贝尔涅里等（Bernieri et al., 个人交流）进行了一系列个人感知实验，他们比较了 45 名被试如何**思考**决定与实际决定之间的差异。实验中，被试需观看 50 个一分钟时长的片段，内容是两个辩论搭档之间的互动，并要评估他们喜欢对方的程度。最后，被试还要回答做决定时使用了哪些线索。结果发现，他们**认为**做决定时最重要的是辩手对彼此融洽程度的看法（见表 6.1）。被试表示，评估时最依赖的线索是目标对象之间的亲密度、微笑频率及表达能力，并明确否认相互沉默、姿势镜映或同步性等因素的影响。

然而，研究者观察被试实际使用的线索（见表 6.2）后发现，他们在不知情的情况下受到同步性的极大影响。被试（无意识地）利用这些因素是件好事，因为模仿 / 同步的测量结果是预测目标对象实际关系的有效指标（见表 6.3）。

表 6.1 人们认为其用来评估关系的线索

1. 亲密度	（22% 的人认为它最有影响力。）
2. 微笑频率	（33% 的人认为它最有影响力。）
3. 表现性 / 一般活动	
4. 紧张行为	
5. 轮流发言频率	
6. 彼此沉默（不言语）	（38% 的人表示根本不使用。）
7. 姿势镜映	（64% 的人表示不使用。）
8. 同步性	（71% 的人表示不使用。）

资料来源：Bernieri et al., 个人交流。

表 6.2 对融洽关系的判断受到各种因素的影响

1. 表现性 / 一般活动	（$r = +.40$）
2. 同步性	（$r = +.37$）
3. 亲密度	（$r = +.33$）

资料来源：Bernieri et al., 个人交流。

表 6.3 融洽关系的行为预测指标

1. 彼此眼神接触	（$r = +.33$）
2. 彼此沉默	（$r = -.33$）
3. 姿势镜映	（$r = +.30$）
4. 亲密度	（$r = +.28$）
5. 同步性	（$r = +.26$）

资料来源：Bernieri et al., 个人交流。

贝尔涅里等由此得出结论，尽管被试意识到自身做判断时会使用传统的亲密度、微笑频率等指标，但并未意识到自己对模仿 / 同步的依赖程度有多高。他们进一步指出，在建立融洽关系方面，传统指标实际上可能不如模仿 / 同步重要！（被试常坚称会忽略模仿 / 同步因素，认为它们并不重要，见表 6.4。） *184*

表 6.4　自我报告的行为线索与实际使用的线索的相关性

1. 亲密度	($r = +.35$)
2. 紧张行为	($r = +.16$)
3. 微笑频率	($r = +.08$)
4. 彼此沉默	($r = +.07$)
5. 轮流发言频率	($r = +.05$)
6. 同步性	($r = -.13$)
7. 姿势镜映	($r = -.14$)
8. 表现性 / 一般活动	($r = -.23$)

资料来源：Bernieri et al., 个人交流。

　　为什么会这样呢？为何人们在社交场合如此忽视模仿 / 同步的重要性？为何他们不能意识到自己能如此迅速和完全地追踪他人的表达行为和情绪？最好的猜测是，人们或许十分清楚需要意识参与的技能和过程，但原始的情绪传染往往自动发生，因此人们未能意识到这种现象的强大力量和普遍存在。

❋ 现有研究的启示

　　从第一章至第五章提到的研究中，我们可以得出哪些实际启示？

185 启示 1：越了解自己（了解自己如何思考、感受和行动），对生活做出的决定就越好

> 操控你的感情，而非让它奴役你。
>
> ——普布利乌斯·西鲁斯

　　对情绪在创造"美好生活"中的价值，科学家和艺术家的判断不一。是赞美理性，还是推崇激情，西方思想界对此一直摇摆不定。

18 世纪素有"理性时代"之称。在这一启蒙运动时期，伏尔泰、约翰·洛克、托马斯·杰斐逊和其他代表人物对自身所认为的迷信、无知和基督教的长期统治给予了反击。那时的人尊崇理性，蔑视情绪。

然而，对理性的痴迷不可避免地触发反弹。在 19 世纪，激情又得到了颂扬。这是属于浪漫主义的时代，伴随着济慈、雪莱和拜伦等诗人的情感流露，特纳和德拉克罗瓦充满激情的风景画也渲染着激情的奇迹。这个时代充满了贝多芬的喧嚣，肖邦、舒曼与勃拉姆斯的表现力，以及威尔第和柴可夫斯基的狂暴。到了 19 世纪末，天平再次倾斜，科学技术成为新的救世主。西方文化极其自信地认为在理性和技术的双重作用下，科学几乎可以理解和控制一切（包括理性和非理性）。

186

心理学也在理性与感性之间拉锯。在 20 世纪上半叶，心理学家强调理性、思维、问题解决和行为，忽略非理性、情绪和冲动。随后，心理学家又对情绪产生了兴趣。例如，理查德·拉扎勒斯（Richard Lazarus, 1984）坚持认为，思维或理性等"高级"心理过程并不优于情绪。他还认为，情绪是"高度发达的认知评价形式与行动冲动、身体变化的融合"（p. 213）。萨洛维和迈耶（Salovey & Mayer, 1990）则认为，智商研究者希望扩展智力的定义，在其组合中增加衡量社会智力尤其是情绪智力的指标。他们将**情绪智力**定义为

> 监控自己与他人的感受和情绪，区分并使用这些信息来指导自身的思维和行动能力。（p. 189）

高情绪智力者必须具备以下三项技能：

1. 理解和表达自身情绪，以及识别他人情绪的能力。
2. 调节自身和他人情绪的能力。
3. 驾驭自身情绪以激发适应性行为的能力。

萨洛维和迈耶（Salovey & Mayer, 1990）将社会智力和情绪智力视为一般智力中的两个独立维度。而情绪传染研究却表明，它们之间可能根本不独立。关于美式手语的计算机模型能准确描述手语的动作，但因为没有包含对社会互动至关重要的情绪信息，它还是受到了残疾人的批评。这促使生物医学工程师进一步开发能够包括手语者面部表情的通信设备。

187

此外，拉普森（Rapson, 1980）认为，人们必须（经常是同时）以两种截然不同的视角看待自身生活：有时他们必须"自动驾驶"，随波逐流；但他们还需不时退后一步，小心翼翼地抽身出来，分析一下正在发生的事情，这会让自己受益匪浅。在后一个过程中，分析智力和情绪智力就会变得同样重要。

拉扎勒斯（Lazarus, 1991）提醒我们，认知信息和情绪信息在引导人们做出明智决定时都不可或缺：

> 情绪本身对正在经历这一情绪的人**有益**……这可为理解自身和理解正在发生的事情提供洞见。每当人们对焦虑、愤怒、快乐或其他情绪做出反应时，他们通常会意识到并理解这一情绪及其反应是如何产生的。我们会瞬间意识到，或经过反思之后发现，愤怒是因为有人敌视或批评自己，或对自己置之不理；焦虑是因为有些情境威胁到自身，而我们对此很敏感。这有助于自己处理反复出现的情绪困扰。这也是临床工作者希望来访者拥有的能力，这样他们就能更好地管理自己的情绪生活。
>
> 也有一些情况，一个人未能意识到自己正在评估伤害或威胁（消极情绪的根源）——要么是因为社会关系尚不明确，要么是因为此人正在自我防卫。我们甚至可能意识不到自身的情绪反应，因为我们误解了这种反应或许只是产生情绪的条件。……我最近听说，有位学界朋友因为缺血（心脏肌肉组织缺氧）的问题正在接受心率

监测，当时他的心率达到将近每分钟 150 次。他惊奇地发现，在系里的教师会议上，本以为自己只是旁观教师们的讨论，明哲保身，可实际他的心率已接近缺血的程度。这大概是因为正在发生的（当然不是快乐的）事已强烈地唤起他的情绪。监测心率是有用的，因为它让人注意到并正确地解释正在发生的事情，从而有机会解决这个问题。（p. 18）

真正的景象总涉及双重维度，它需要情感上的理解和身体上的感知。

——罗斯·帕门特（Ross Parmenter）

启示 2：了解情绪传染的强大力量和普遍存在，有助于正确评估社会互动的影响因素，进而协助互动

情绪传染研究强调，可使用多种方法来获取他人的情绪状态信息：有意识的分析技能可帮助自己弄清楚别人为什么会"生气"；如能仔细注意与他人在一起时所体验到的情绪，自己在对他人感同身受方面就可获得额外优势。自己的所思所感或能提供有关他人的宝贵而又不同的信息。回想一下哈特菲尔德等（Hatfield et al., 1992）的发现，人们对他人"必须"感受的有意识评估深受对方言论的影响，自身情绪则更多受到他人真实感受到的非言语线索的影响。

例如，本书开篇曾讲述了哈特菲尔德与夏威夷大学的一位同事的互动故事。每次和这位同事谈话，她都局促不安。她总下决心：下次要更加努力才行。然而，当意识到这样做正在加剧**对方**的恐慌后，她想出了一个更有效的策略：可以花些精力巧妙地安抚这位焦虑的朋友。这样做的效果好多了，彼此都能平静下来。

拉普森和哈特菲尔德曾两次受邀到当地艺术家苏珊和哈里夫妇家中共进晚餐。第一顿饭糟透了。由于哈特菲尔德一直忙于工作，在这

两小时的过程中，她困得几乎抬不起头来。第二天，她给他们发了一封道歉信，并保证下次她会多多注意。而在第二顿晚餐时，庆祝活动刚进行半小时，历史再度重演：她又开始打瞌睡了。

在脑海中回顾那一晚的经历时，伊莱恩和迪克突然意识到问题的根源：如果他们再去拜访这对夫妇，他们还会继续犯错。苏珊精力充沛，也很焦虑，她的谈话充满不满与抱怨，但她并非无趣之人。如果只听苏珊说话，那顿饭或许会很顺利，因为倾听别人的问题其实相当有趣。若有人对你一点都不感兴趣，这才令人恼火，你还不如当根门柱，但这仍然可以忍受：在适当的谈话间隔，低声说出赞同的"嗯哼"声并不那么费力。此外，与丈夫哈里单独打交道也不会有什么问题，尽管他非常抑郁，什么也不说。但伊莱恩和迪克能整天和抑郁的人交谈，只需询问对方的生活也能打发时间。问题在于，他们是两个人。在歇斯底里的"锡拉"和抑郁的"卡吕布狄斯"之间①，伊莱恩忙着消化这两种矛盾的情绪——此时除了睡觉，别无选择。发现这一处境后，问题得以解决：他们决定不再拜访这对夫妇。

由此可推测，若人们意识到自身心情深受**他人**情绪之影响，他们通常可以更好地决定是去安抚、唤醒还是避开他人。

当然，也有人从**不**为任何事情责备自己。一旦事情出错，他们只猛烈抨击他人，且他人也会回击。这也并不奇怪。你或许认为这很显而易见，但事实并非如此。总有人听不到自身傲慢或讽刺的声音，他们只听到别人的回答，从而惊讶于后者的敌意。例如，当有个十几岁的男孩告诉一个女孩她很丑之后，她说："知道吧，你长得也不怎么样。"男孩对女孩竟然如此"刻薄"感到震惊。如果这些人吸取教训，更多关注自己也是问题的一部分，他们肯定会做得更好。

---

① 锡拉是希腊神话中的怪物，住在狭窄水道的一侧，与对手卡吕布狄斯隔岸相对。谚语"between Scylla and Charybdis"意为人被迫在两种类似的危险情况之间做出选择。

又如，哈特菲尔德刚开始教书生涯时，偶尔会觉得教学、研究、写作和治疗任务太过繁重。于是，她曾想与拉普森决定减少用于治疗的时间，让一切更加平衡。过了几年，她才意识到自身的不知所措其实存在固定模式：开学第一周，一切都会失控。有段时间，她认为问题只在于自己没有做好充足的准备（第一周总有太多的紧急情况）。但不知何故，就算准备得充分也不会让事情变得更好。直到她开始研究情绪传染，才发现个中缘由：虽然**自己**对首个教学周已经做好充分准备，但学生并没有。每一天，办公室里都挤满抓狂的年轻人——他们是因为没有注册而无法上课的学生，如果不去上课，还怎么毕业？还有一些学生没能拿到奖学金，这还怎么付房租？伊莱恩的慌乱并非来自**自身**，而来自**学生**。她所要做的就是提醒自己，在接下来的几周，所有问题都能得到解决。如此一来，周中的"负担"便瞬间减轻了。

这些例子表明，社会互动十分复杂。我们或可相信，自己时时都能掌控自身轨道；但稍加思考就会发现，我们既非独自行动，也不像想象的那样能够控制他人或者自己与他人的互动（所谓控制，在很大程度上取决于如何选择与自己互动的人和互动的情境，而不取决于自己在情境中的所作所为）。人们只需回想一下在新学校第一天与不熟悉的同学相处、与一个相对陌生的人第一次约会，或者第一次面对听众发表演讲时的尴尬，就能回想起面对复杂的社会情境有时会感到多么无助。仅仅是满足他人需求就会让人不堪重负，而试图同时确定和回应意想不到的任务、问题或疑问，不是累趴下，就是会尴尬不已。然而，只要人开始放松，不再有意识地监控自身一举一动，原始的情绪传染就能发挥它的魔力。我们能轻易地"知晓"自己在何种情境下与新同学会相处得很舒服，在何种情境下则不然；第一次约会的年轻情侣刚上车时可能觉得谈话很生硬，但后来会发现，一旦彼此都为摇滚乐队响亮而有节奏的节拍所吸引，他们的关系就得以建立；有经验的演说家面对不熟悉的听众讲话时，也许会有同样的焦虑，但他们已

190

191

然知晓演讲内容必须能脱口而出，这样才有时间去倾听并回应听众。简言之，这些复杂而令人尴尬的社交，都可以通过微妙的情绪传染过程转化为更愉快的互动。

启示 3：若想真正了解他人，就有必要对其生活感同身受

有时，虽然有人正在受苦，其他人却表现得若无其事。这通常是因为前者并未表现出恰当的情绪。哈特菲尔德与拉普森曾治疗过一位受过强奸的少女。她用一种单调、极其冷漠的语气说道，曾有一个要送她回家的海军士兵把她拖到一片甘蔗地里，用刀抵住她的喉咙，然后强奸了她。之后，他开车送她回家，并把她扔出车外。她整个人吓蒙了，走进房间后用不经意的方式讲述自己的遭遇。她的母亲同样漫不经心地说道："好吧，晚餐在烤箱里。为什么不吃点东西呢？"此后便绝口不提这次强奸。

我们惊恐地发现，自己也需动用**理性**才能理解事情的严重性——若不是这样，我们肯定会认为这个母亲是个怪物。被强奸的青少年的面容、声音和姿态通常会把我们带入他们的经历。我们会觉得这就是自己的孩子，会关心他们，会采取行动。但在她的讲述中，我们丝毫没有感受到这些，我们甚至毫无感觉。由此可见，要想了解事情的重要性并做出正确的举动，离不开情绪传染的作用。

这种经历远比想象的要普遍。1988 年 4 月 28 日，阿罗哈航空243 班机从夏威夷的希洛起飞，例行飞行 40 分钟后到达檀香山。乘客和机组人员在飞机平稳起飞和逐渐上升到巡航高度的过程中聊天。起飞 20 分钟后，乘客听到了爆炸声。爆炸撕裂了机舱的上半部分，机舱随即减压。震耳欲聋的狂风席卷了乘客区：

"发生了爆炸……嗖的一声，就像有人打爆了一个袋子……"
31 岁的销售员丹·丹宁（Dan Dennin）说道，他就在这架遭遇不

幸的航班上。

　　"三分之一的机舱顶都不见了……一抬头就看到了蓝天。"　　　　*192*

　　丹宁用缓慢而有节制的语调，描绘了飞行员奋力控制飞机并在毛伊岛降落时失事飞机上的英雄主义与绝望氛围……

　　"我们都以为要死了。"

　　丹宁说："（事后）一名空姐在过道上爬来爬去……""她差点被吸了出去。坐在过道座位上的一对乘客声称抓住了她……"
（*Honolulu Advertiser*, April 29, 1988, p. Al）

空乘克拉拉贝尔·兰辛（Clarabelle Lansing）被吸出了飞机，残骸在机舱内旋转。突然间，日常的飞行变成了一场充满噪声、恐惧、痛苦和死亡的噩梦。13分钟后，这架受损的飞机在毛伊岛机场完美着陆，乘客们受到了严重的震动，所幸都还活着。随即第一个护理人员到达，他观察到：

> 就像走进一辆敞篷车，没有屋顶，没有墙壁，一切都是敞开的。看起来像是有什么东西被撕裂了，座位都变得扭曲，弯了下来。（p. A1B）

61名乘客受伤住院，其中2人濒危，4人重伤。哈特菲尔德班上有位叫咪咪·汤姆金斯（Mimi Tomkins）的女性，就是那次阿罗哈航班上的飞行员。她已充分了解如何应对紧急情况：保持冷静，慢慢讲述所有事实。"黑匣子"的录音显示了她的训练有素（她也因英勇行为而受到嘉奖）。她的声音从麦克风里传过来，随意而友好地描述着那次事故。她驾驶这架残机飞回檀香山，飞机顺利降落。

　　然而，后来的调查却批评檀香山空中交通管制员未能对此紧急情况做出恰当反应。他们甚至没有想到要安排合适的消防设备来应对这次飞行事故！为什么呢？一位管制员称："她表现得太淡定了，我们完全没有意识到事故的严重性。"但调查委员会未能理解这个"借口"。可能只有像我们这样知道要让人"感觉自己进入"紧急情况需要哪些条件的人，才能更好地理解这一现象。如果飞行员听起来更歇斯底里、更绝望，塔台才会"明白"情况有多紧急。

193   在情绪应当激动的情况下却表现得像个"僵尸"的人，或可借此了解原因：要让自己采取行为，需要启动一些情绪线索。

启示 4：了解情绪传染的力量，可使自己更现实地认识自身对社会环境的影响

前文指出，对他人心境最敏感的人往往也最渴望改善社会关系。但他们并未意识到，这种使其善于感知困境动态的敏感性，也限制了他们解除困境的能力。敏感的人只能限制与抑郁、愤怒或焦虑的人共处的时长，否则自己也会被卷入旋涡。

哈特菲尔德和拉普森接待过这样一位来访者（是个牙医）。她平时格外开朗，但这周却情绪低落，还以为自己可能得了流感。一听她讲述最近一周的经历，便可很快知晓这个女强人只是承担了太多不必承担的责任。她的下属一直吵架，而她精力充沛，认定这个"问题"是结构性的：无人确定谁该对什么负责，故而才会有争吵。于是她制定了一个新的组织计划，熬夜起草了详细的工作说明。令其惊讶的是，在粗略看过她精心制定的计划后，有两名员工（洗牙师与秘书）提出了辞职。我们从旁观者的角度，弄清了事情的原委：员工只是因为与工作环境无关的缘由而感到沮丧和疲惫。洗牙师自身的婚姻出现了问题，每天都含泪来到办公室；办公室经理是位单身妈妈，她非常生气，因为她想给孩子安排一个美好的圣诞节，以弥补自身"疏忽"，但她发现把事情委派给新来的兼职秘书比自己做更让人操心，因此不堪重负；新来的兼职秘书则觉得自己受到了羞辱，认为经理认定她只能做最低贱的工作。在谈话过程中，来访者清楚地意识到，她正被这

种感情旋风左右。她感染的不是流感病毒，而是痛苦病毒。在附近的
度假胜地度了两天假后，再回到工作岗位，她心情好多了。她请员工
出去吃饭，讨论他们的实际问题，让每个人都高兴起来。她成功地阻
止了这场恶性传染。

194

启示5：了解情绪传染的力量，并提醒自身：莫要承受太多

阿瑟·米勒（Arthur Miller, 1987）在自传《时移世变》中承认，
他之所以爱上玛丽莲·梦露，部分原因是她太容易信任人，太脆弱，
太需要人，而他对这种需求有身体反应。一天晚上，梦露惊恐万分地
给他打电话，他则以同样的方式回应她的恐惧：

> 我一直试图安抚她，但她似乎在我无法触及的地方下沉，声音
> 越来越微弱。我正在失去她，她正在悄然离去，而我的搭档和朋友
> 却就在身边。"哦，我不行了，我不行了！"她的自杀场景突然出
> 现在眼前，我以前从未把这件事和她联系在一起。我试着去想我在
> 好莱坞认识的人中有谁可以去看她，但没有人。突然间，我意识到
> 自己喘不过气来，一阵眩晕袭入我的脑中。膝盖一下子软了，我感
> 觉自己摔在了电话亭的地板上，听筒从我手中滑落。大概几秒钟
> 后，我醒了过来，她的声音仍从我头顶的听筒里传来。过了一会
> 儿，我站起身来，劝说了她一番，事情就结束了。她会尽量不让这
> 件事影响到明天，只管做好自己的工作，继续干下去。灯光仍然在
> 我身后转动。一旦这次拍摄完成，我们就会结婚，开始新的真实的
> 生活。"我不想再这样下去了，我不能单独和他们战斗，我想和你
> 一起住在乡下，做一个好妻子，如果有人想让我拍一张精彩的照
> 片……"是啊，是啊，是啊，一切都结束了，沙漠那治愈的寂静席
> 卷而来，掩盖了一切。

　　　　我把公路抛在身后，朝那两座小屋和低矮的月亮走去。我以前从来没有晕倒过。我的心情沉重，肺部感到疼痛，好像已经哭了很久。随后便感到痊愈了，好像已经跨越了内心的分裂，进入了一个和平的世界，在那里，我的各个部分已经结合在一起。我爱她，仿佛爱了她一辈子，她的痛苦就是我的痛苦。（p. 380）

195　　米勒认为，他能救玛丽莲。可结婚后，他发现自己与她一样绝望。

　　每当记者打电话问及情绪传染的问题时，都会不可避免地提相同的问题："那么，人们怎样才能克服它的影响呢？"他们想知道如何才能关闭共享他人感受的能力，这样才能应对愤怒的老板、焦虑的父亲或动荡的家庭。

　　可以假定，在理想情况下，人们不会过多地改变基本天性。有人非常敏感，有人则需遭受当头一棒才会明白。每种天性都有其优缺点。敏感的人易受到情绪的感染，但善于理解他人并与他人打交道。但过不久，他们就会感到疲惫。他们也许能和麻烦的人打上几小时的交道，但很快就会觉得够了：他们必须回家，保持绝对安静，从而恢复体力。其他适应性强的人或多或少会对所处的环境视而不见（或许你还记得第五章的例子：怡然自得的来访者在电话里听到女人的哭声后，转头就把电话给了妻子，并乐呵呵地说了一句"找你的"）。这种人难以意识到情绪激动的情况下发生了什么，但他们却可以长时间地沉浸其中，应对自如。

　　如果人们能接纳自身性格以及随之而来的优缺点，他们可能会做得更好。易感之人可能是人际关系专家或"仁慈的天使"，但也只是暂时的。探亲时，他们最好住在酒店里，并与亲戚共进晚餐；与此同时，对他人感受"置若罔闻"的人，一旦意识到自己有责任"解决事情"，往往会觉得不堪重负。但如果他们提醒自己，能做的最好的事情就是倾听，那么自己便会做得更好。别人不应该期望他们成为奇迹创造者；那些期盼得到过多关注的人，没资格去抱怨一个"被遗忘者"为了自我保护而放弃倾听他人。

启示6：了解情绪传染的力量，或许可影响公共政策

琳恩·雷诺兹（Lynn Reynolds, 个人交流）提供过一个例子，它强有力地说明了未能认识到情感沟通的力量对健康的危害。她剖宫产生下一个孩子，生命体征已经稳定，医生告诉她几分钟后就可以转到普通病房。然而，随后推进来另一位刚刚经历剖宫产的产妇，后者开始痛哭和呻吟。琳恩便开始重温自己的康复过程，并开始分担这位产妇的痛苦，感觉自身也越来越糟糕。医生回来时，发现她的恢复情况有所倒退：她的心率和血压都回到了6个多小时前的水平。她不得不再等一天才能出院。[①]

196

❖ 对未来研究的建议

在撰写本书的过程中，我们发现了既有研究的一些不足，下文将对此进行探讨。

人们复现的情绪是否总是对"真实事物"的苍白模仿?

我们通常认为，旁人复现的实时情绪远不如目标对象自身的感受强烈。哈特菲尔德和拉普森曾有一个非常自恋的来访者，他会对妻子说："跟你一样，我也感冒了，但我更严重。"在某种程度上，我们大多数人像他一样，认为自己是世界戏剧舞台的主角，他人之激情不过是自身之激情的苍白反映。从理论和哲学的角度看，我们可能会期望自身复现的情绪只是真实情绪的微小暗示。有证据表明，情况确实如

———————————————
① 原文未提及这一例子在何种意义上涉及"公共政策"。

此。例如，肯尼思·克雷格（Kenneth Craig, 1968）曾研究过想象唤醒、替代唤醒和直接唤醒三种方式在情绪和生理反应方面的相似性。研究将被试分配至三种条件：条件一要求男性和女性完成冷压测试，即需把一只手放在冰水（2℃）中两分钟；条件二要求被试观看表演者承受冷压测试的场景。在条件三下，被试只需**想象**自身不得不承受这一测试：

> 我要你们尽最大努力生动地去想象，不断想象水像冰一样冷，让人非常不舒服。实际上，已经冷到令人疼痛。尽你所能想出你在冰水中的感觉和生理感受。（p. 514）

197　研究者评估了被试在这三种条件下的皮肤电反应以及心跳和呼吸频率。毫不意外的是，研究发现，想象、替代和直接体验所产生的 ANS 唤醒程度和模式各不相同。想象或观察他人的痛苦会让人心烦意乱，但远不如自身痛苦来得强烈；直接体验产生的生理反应最强烈、最持久。此外，被试有时会在不同条件下表现出不同类型的反应。例如，若作为观察者，心率可能会减慢；但若其想象或实际承受冷压测试，心率则可能会加快。这与心理生理学家的观察结果一致，即"心率减慢会伴随甚至可能促进'接受环境'，心率加速则会伴随或促进'排斥环境'"（Lacey et al., 1963, p. 165）。

总之，研究数据表明，较之直接体验应激源，间接体验会产生类似但不那么强烈的情绪反应（Hygge & Ohman, 1976）。

当然也有例外。有些人的想象力、感受力、慈悲心或悲悯心，比他们所担心的人还要强。许多母亲对尝试毒品的青少年的担心超过了青少年本人（事实上，这才是问题所在）。有些母亲一发现孩子身上出现忧虑的蛛丝马迹，自己就会陷入恐慌。有些依赖性强的女性醉心于用牺牲自我让酗酒或施暴的丈夫觉得幸福，而丈夫却对此视若无睹。我们怀疑，前者察觉的情绪可能比后者传递的还要多。

希望后续的研究能够提供证据，表明人们察觉的情绪与其直接体验到的情绪相比，到底有多强大。

何时复现的情绪与所表达的情绪相同、互补或是相反？

宽慰［名词］：因想到邻居的不安而产生的心理状态。

——安布罗斯·比尔斯，《魔鬼辞典》

所有可怕之事，皆可使我发笑。在他人葬礼上，我也曾行为失检。

——查尔斯·兰姆

有些情绪倾向于唤起同样的感受，另一些则倾向于唤起互补甚至 *198*
相反的感受。一张愤怒的脸，有时会使他人感到恐惧或愤怒；而别人的恐惧，也可能会使我们感到安心。玛丽·麦卡锡（Mary McCarthy, 1954）在小说《迷人的生活》中就描绘了这样的情况。玛莎·辛诺特顺道拜访了老朋友简和沃伦，却发现前夫迈尔斯已经在那里了。

他［迈尔斯］刚向门口迈出一步，就有人敲门了。大家沉默了片刻，却没有人动。迈尔斯看到，每个人的脸上都写着"一定是辛诺特一家人"的信念。"**不可能**是他们。"简小声说。"应该是吧。"沃伦小声回答。随后又传来了敲门声。"他们知道我们在这里肯定是因为外面的那些车。"简小声说。"开门吧，伙计。"迈尔斯用正常的声音说。沃伦随即跳到门口。迈尔斯便转过身来，试图使自己平静。他对自己说，很可能来的人根本不是玛莎。

但确实就是玛莎。她披着一件灰色斗篷，由丈夫陪着……

他们所说的就是这种情况。玛莎浑身发抖，迈尔斯从她肩上取下斗篷时能感觉到。他还记得初次见她时，她在一个倒霉的夏季戏剧演出的舞台上抖得厉害，连布景都跟着晃动起来。

她的紧张使他放松下来。（pp. 71-72）

辛西娅·克莱门特（Cynthia Clement，个人交流）称，当她还是个女孩时，女同学总爱玩一种游戏，这种游戏会让她们咯咯地笑个不停。她们围坐成一圈，想象一件"非常悲伤的事情"。然后，她们会把眉毛和嘴巴摆成令人痛苦的悲伤表情。不知何故，这种做法必然引起人们大笑。她将这种现象称为"矛盾的情绪传染"。

各种情绪不可避免地交织在一起，就像我们的私心杂念与我们捕捉到的情绪亦能彼此融合。丹尼尔·麦金托什（Daniel McIntosh, 1991）指出：

> 需要注意的是，由社会规范引发的情绪并非观察者感受到的全部。观察者的情况必然与表演者的情况不同，所以不能期望他们的情绪完美匹配。我曾警告妻子她的切菜方法很危险，她对此嗤之以鼻；若稍后她恰好因此切破拇指，我可能会同时感到由社会规范引发的痛苦和自我产生的满足感。（p. 17）

本书仅止于探索原始情绪传染的简单过程。今后研究可探索更复杂的问题，比如可见的情绪何时会产生相同、互补或相反的情绪。已有少数研究者花了数十年时间探索这个问题，并提供了一些可供参考的变量。

社会规范

卡佩拉和弗拉格（Cappella & Flagg, 1992）探索了成人的自主互动模式。他们提供了方便的术语，便于讨论人们何时会体验到相似、互补或相反的情绪：

> 合作伙伴之间的互动模式可称为**相互影响**（mutual influence）。

> 这种相互影响常涉及合作伙伴在**总体**行为上表现出的相似性（或互惠性）和互补性（或补偿性）。（p. 2）

传播学研究者一直对谈话互动感兴趣。通过过去数十年的研究，他们对说话者和听众何时会表现出相互影响或互补行为已经有了很好的认识。例如，当教授在讲课时，学生会表现出相似和互补的行为。社会规范规定，当教授或他人正在讲话时，其他人应该倾听；若学生举手并开始提问，教授应该等其提问完毕再做回答。卡佩拉和弗拉格（Cappella & Flagg, 1992, p. 3）清楚地论证了这一点。他们指出，如果人们掌控了发言权，他们就倾向于发声（而不是停顿）、转移视线（而不是凝视），并做出手势来支持自己的发言［他们把这类行为称为**会场指数**（Floor Index）］。正如所猜测的那样，在正式的演讲中，演讲者和听众倾向于在这种会场行为上表现出互补行为。但如果观察其他不那么模式化的行为，就会发现参与者仍然在模仿彼此的言语行为。卡佩拉和弗拉格（1992）观察到：

> 成人互动中的各种言语行为，包括口音、语速、停顿、反应延迟、声音强度、基本语音频率和转身持续时间，都会相互影响。一系列的动态行为也表现出相互影响，包括姿势和手势、动作同步、凝视、点头、面部表情、微笑和大笑，以及更普遍的敌对情绪。这些证据肯定支持这种论点，即各种行为确实相互影响（总结参见 Cappella, 1981, 1985, 1991）。（p. 3）

人们对亲密对话的舒适感

社会心理学家指出，人们喜欢达到恰当的亲密程度：太多或太少的亲密都会让人感到不舒服。迈尔斯·帕特森（Miles Patterson, 1976）提出，一旦有他人接近，个体就会产生生理上的兴奋感。如果后者对这种唤醒感到积极，就会更接近；而如果"太多"，便会退后。

阿盖尔和迪安（Argyle & Dean, 1965）曾测试了这种社会互动的平衡模型并发现，一旦有人靠得太近和太快，对方确实会后退；而如果一方想要溜走，对方则会继续跟进。例如，其中的一个研究发现，人们会无意识地用眼神交流、微笑、靠近或开始谈论非常亲密的事情，从而发出"靠近"的信号。而若不太亲密的人开始走得太近，人们就会无意识地示意其应该"后退"，比如把目光移开、面无表情、走开，或者转向一个不那么亲密的话题。如此复杂的芭蕾舞步般的互动，确保维持了互动中的平衡。为了测试该模型，研究者要求被试慢慢靠近真人大小的照片，或者是睁眼或闭眼的同一个人（真人）——站得"越近越好"，大概直接盯着对方看是最亲密的行为。与预测相符，停止脚步时，被试距离照片比距离真人近 11 英寸 [①]，距离闭眼之人比距离睁眼之人近 8.5 英寸。研究者还探讨了该平衡过程的另一面。一开始，两个学生彼此相距 10 英尺 [②]、6 英尺或 2 英尺。开始谈话后，一个学生（假被试）就会盯着另一个人的眼睛看 3 分钟。一旦假被试开始盯着他们看，大多数被试便立即减少目光接触，要么移开目光，要么往下看——看向任何地方，就是不看对方。他们离得越近，视线就越远。也许你在电梯里见过同样的亲密法则：人们一旦被迫站得离陌生人太近，他们往往会紧张地抬头看天花板或低头看地板，避开彼此的目光。

阿盖尔和迪安的模型有两点值得注意。其一，应从辩证的角度看待亲密关系，认为人们会不断调整亲密接触的程度；其二，一旦亲密关系中的平衡被打破，可采用几种不同的恢复技术。

约瑟夫·卡佩拉（Joseph N. Cappella, 1981）回顾了旨在检验平衡假说的相关研究，考察了亲密接触的广度和深度，以及眼神交流、微笑、触摸、身体定向和接近等行为。其结论是，一个人是回应另一

[①] 1 英寸约合 2.54 厘米。
[②] 1 英尺约合 0.3 米。

个人的亲密举动，还是试图恢复平衡，取决于他们所喜欢的亲密程度和合适程度。他的总体结论是："若对方的行为超出预期，就会产生补偿行为；若在预期范围内，就会产生匹配行为。"（p.112）换言之，如果有人站得太近，大多数人会退后；如果有人过早地开始倾诉，大多数人往往会"以身作则"式地退缩一些。卡佩拉（1981）回顾了36个关于距离对他人反应之影响的不同研究，得出如下结论：

> 二人组中一方的接近程度增加，会导致另一方重新引入正常的社交距离：减少凝视，减少直接的身体姿势，更多地移动，更快地反应，离开或补偿，总的来说，说话更少。（p. 111）

与此同时，只要人们表现"得体"，其他人就会配合前者的行为，比如更多地微笑，站得更靠近那些对他们更热情的人。卡佩拉（Cappella, 1981）对25个研究进行回顾后也发现，人们的亲密提议在信息交换的广度和深度上往往相互匹配。当然，一旦事情发展得太过火，比如开始过早地暴露个人隐私，就会出现补偿行为：对方变得谨慎起来，要么保持沉默，要么离开。

人们控制或管理局面的欲望

202

有时人们会故意避免与他人的情绪相匹配，以"控制"事态的发展。面对粗鲁的人，他们保持礼貌；面对歇斯底里的人，他们保持冷静；别人愤怒，他们则努力微笑。不久前，我们（哈特菲尔德和拉普森）走到伯尼熟食店的柜台前，向三个服务员中的一个点餐。他们站在那里，愉快地微笑着，准备为顾客服务。我们刚开始下单，就有一位身材高大、怒气冲冲的顾客瞪着我们说："怎么回事！"他显然气坏了。迪克十分困惑，他笑着说："出什么事了吗？"那人愤怒地喊道："是我先来的！你们都等着吧，等我点完了，再轮到你们点！"所有等候的顾客都面面相觑，没人点餐。他怒火冲天地、慢慢地翻了一整遍菜单，用手指头一项一项地跟着读。所有的顾客仿佛都凝固住了，都在等着，百思不解。如果他们与我们有同样的感受，那确实是察觉到了他的愤怒（伊莱恩还隐约幻想着自己用叉子捅他）。然而，我们的脸上都装出愉快的微笑，这与他的怒容显然不符。我们的愤怒无疑摧毁了正常的芭蕾舞步。大家都显得极尴尬而呆板。

用自身情绪感染他人有什么好处 / 坏处?

有时，人们可能希望将自身情绪传递给他人。例如，我们会去转移易怒孩子的注意力，去医院为朋友"打气"，让沉闷的聚会活跃起来。这些其实都是在试图主导人际交往过程。

理论家可尝试系统地分析别人知晓自身感受的利弊时机。

捕捉他人情绪有什么好处 / 坏处?

人们有时会从解读和共享他人的感受中受益。然而，有时情绪传染未必是好事。如果人们必须在"热"的情况下表现得冷静，或者在冷峻、死气沉沉的环境中表现得充满活力，他们很可能希望在自身感受周围筑起一道玻璃墙。而一旦自身利益受到损害，他们便不再希望共享他人的感受。在这种情况下，能够抵抗他人情绪未尝不是一件好事。

伊莱恩有个学生在夏威夷大学担任排球裁判。上周，他做了一个有争议的判罚，双方都对他发出嘘声。他因为察觉到这些愤怒和不满而非常生气，以至于几乎无法继续工作。他一直想骂他们，并惩罚两队。该如何阻止自己捕捉别人的情绪呢? 他问我们。他知道，如果想继续执教，就必须想办法让自己变得更坚强。

理论家可尝试系统地分析一下，何时捕捉他人的情绪对自身有利，而何时又会不利。

203

你能教授人们模仿 / 同步他人的举动吗？

　　大多数研究者想当然地认为，人们可以自愿模仿或不模仿他人的姿势。自从班德勒和格林德（Bandler & Grinder, 1975）的《神奇的结构》一书描述"神经语言编程"技术以来，许多公司都开始教员工模仿客户的动作。伊莱恩有一个研究生在高档百货公司"自由之家"的应诉部门工作。公司教他模仿愤怒客户的表情、声音和姿势，希望这样能安抚客户（就个人而言，我们不认为这是个好主意：这么做更易引发暴力冲突，而不是安抚客户）。第五章提到，莫里斯（Morris, 1966）想当然地认为治疗师可以通过模拟来访者的动作让其放松。然而，这种一厢情愿的模仿到底有多大效果却是个问题。正如第一章（"动作协调"部分）所讨论的，有研究者（如 Davis, 1985）推测，人们或许无法有意识地提高其追踪他人表达的行为和情绪的能力。即使是"拳王"阿里也需要至少 190 毫秒才能发现光亮，再花 40 毫秒才能做出反应；而大学生却能在 21 毫秒内完成同步动作（Condon & Ogston, 1966）。读者应该还记得，马克·戴维斯认为这种微同步是由大脑基底区调节的。有意识地模仿别人的人注定看起来很做作。

　　拉弗朗斯和伊克斯（LaFrance & Ickes, 1981）也发现，如果被试在初次见面时过多地模仿对方的姿势，他们最终会感到难为情，认为这次会面是被迫的、尴尬的和紧张的。早期教治疗师学会共情的诸多尝试均以失败告终。根据临床上某一传统说法，治疗师最能表现出同理心的方式是身体在椅子上前倾，不时点头并说一声"嗯嗯"。但雷蒙德·伯德惠斯特尔（Raymond Birdwhistell）发现，接受指导而使用这些技巧的心理治疗实习生都失败了，因为他们不是在**来访者**需要支持时点头，而是在**后者**焦虑不安、急于做某事时点头。因此，他们最终传递的不是共情，而是恐慌（Davis, 1985, pp. 66-67）。

　　尽管这种可能令人沮丧，但人们还是希望探索对情绪变得更敏感和／或更有抵抗力的方法。

❖ 小结

本书试图收集多来源和多学科的证据以证明存在情绪传染现象。我们希望这可以说明这一现象的重要性，并为未来的研究和应用提供可行的路径。情绪传染显然可以各种方式渗透于人际交往。认识到这一点，可帮助心理治疗师解读来访者、医生解读病人、律师解读对手、老师解读学生、丈夫解读妻子、母亲解读孩子，等等。

人类有一种能力，虽然它对集体目的有最大的用处，但对个人来说却十分有害，那就是模仿的能力。集体心理不能没有模仿。因为没有模仿，所有的群众组织、国家和社会秩序都不可能形成。事实上，与其说社会是由法律组织起来的，不如说它是由模仿倾向组织起来的。模仿同样意味着易受暗示、启发和精神感染。

——卡尔·古斯塔夫·荣格

同样具有启发性的是，更大范围的社会互动也可能引发情绪传染。无论是电影院里的欢声笑语，还是私刑暴民中的仇恨，群体中的个体往往会捕捉到他人的情绪。希特勒一开始用煽动性演说煽动群众情绪，是否运用了情绪传染的影响力？受过情绪传染技术训练的人是否也能施加类似的影响？极权主义政权、宗教复兴集会、反战（或支持战争）集会或支持人工流产（或反对堕胎）的集会是否也利用了此现象？是否正如马伦等（Mullen et al., 1986）关于新闻播音员面部表情对投票行为之影响的研究所表明的那样，大众传媒能够传播情绪？随着新传播手段的扩展和增强，我们是否应该更仔细地关注这一现象

205

的运作方式？科学技术（如个人电脑、电子邮件）促进了信息的传递，但减少了平行的情感交流，这对社会纽带和社会关系有何影响？

就此搁笔吧。希冀上段行文中的隐含情绪可以传播至他人。

参考文献

Adelmann, P. K., & Zajonc, R. [B.] (1989). Facial efference and the experience of emotion. *Annual Review of Psychology, 40,* 249–280.

Allport, G. W. (1937/1961). *Pattern and growth in personality.* New York: Holt, Rinehart, & Winston.

Ambady, N., & Rosenthal, R. (1992). Thin slices of expressive behavior as predictors of interpersonal consequences: A meta-analysis. *Psychological Bulletin, 111,* 256–274.

American Psychiatric Association. (1987). *Diagnostic and statistical manual of mental disorders* (3rd ed.). Washington, DC: Author.

Anson, B. J. (1951). *Atlas of human anatomy.* Philadelphia: W. B. Saunders.

Archer, D., & Akert, R. M. (1977). Words and everything else: Verbal and nonverbal cues in social interpretation. *Journal of Personality and Social Psychology, 35,* 443–449.

Arendt, H. (1962). The Graebe memorandum. In Contemporary Civilization Staff of Columbia College. Columbia University (Eds.), *Man in contemporary society* (pp. 1070–1073). New York: Columbia University Press.

Argyle, M., & Dean, J. (1965). Eye-contact, distance and affiliation. *Sociometry, 28,* 289–304.

Arnold, M. B. (1960). *Emotion and personality: Vol. 1. Psychological aspects.* New York: Columbia University Press.

Aronfreed, J. (1970). The socialization of altruistic and sympathetic behavior: Some theoretical and experimental analyses. In J. Macaulay & L. Berkowitz (Eds.), *Altruism and helping behavior* (pp. 103–126). New York: Academic Press.

Ax, A. F. (1953). The physiological differentiation between fear and anger in humans. *Psychosomatic Medicine, 15,* 433–442.

Babad, E., Bernieri, F., & Rosenthal, R. (1989). Nonverbal communication and leakage in the behavior of biased and unbiased teachers. *Journal of Personality and Social Psychology, 56,* 89–94.

Bandler, R., & Grinder, J. (1975). *The structure of magic: I. A book about language and therapy.* Palo Alto, CA: Science & Behavior Books.

Bandura, A. (1969) *Principles of behavior modification.* New York: Holt, Rinehart & Winston.

(1973). *Aggression: A social learning analysis.* Englewood Cliffs, NJ: Prentice–Hall.

Bavelas, J. B., Black, A., Chovil, N., Lemery, C. R., & Mullett, J. (1988). Form and function in motor mimicry: Topographic evidence that the primary function is communication. *Human Communication Research, 14,* 275–299.

Bavelas, J. B., Black, A., Lemery, C. R., & Mullett, J. (1987). Motor mimicry as primitive empathy. In N. Eisenberg & J. Strayer (Eds.), *Empathy and its development* (pp. 317–338). New York: Cambridge University Press.

Bayer, E. (1929). Beitrage zur zweikomponententheorie des hungers. *Zeitschrift für Psychologie und Physiologie der Sinnesorgane, 112,* 1–54.

Beaumont, W. (1833). *Experiments and observations on the gastric juice and the physiology of digestion.* Plattsburgh, NY: F. P. Allen.

Beck, A. T. (1972). *Depression: Causes and treatment.* Philadelphia: University of Pennsylvania Press.

Beebe, B., Gerstman, L., Carson, B., Dolins, M., Zigman, A., Rosensweig, H., Faughey, K., & Korman, M. (1982). Rhythmic communication in the mother–infant dyad. In M. Davis (Ed.), *Interaction rhythms: Periodicity in communicative behavior* (pp. 77–100). New York: Human Sciences Press.

Bem, D. J. (1972). Self-perception theory. In L. Berkowitz (Ed.), *Advances in experimental social psychology* (Vol. 6, pp. 1–62). New York: Academic Press.

Berger, S. M., & Hadley, S. W. (1975). Some effects of a model's performance on an observer's electromyographic activity. *American Journal of Psychology, 88,* 263–276.

Bergman, R. A., Thompson, S. A., & Afifi, A. K. (1984). *Catalog of human variation.* Baltimore: Urban & Schwarzenberg.

Berghout-Austin, A. M., & Peery, J. C. (1983). Analysis of adult–neonate synchrony during speech and nonspeech. *Perceptual and Motor Skills, 57,* 455–459.

Bernieri, F. J. (1988). Coordinated movement and rapport in teacher–student interactions. *Journal of Nonverbal Behavior, 12,* 120–138.

Bernieri, F. J., Davis, J. M., Knee, C. R., & Rosenthal, R. (1991). *Interactional synchrony and the social affordance of rapport: A validation study.* Unpublished manuscript, Oregon State University, Corvallis.

Bernieri, F. J., Reznick, J. S., & Rosenthal, R. (1988). Synchrony, pseudosynchrony, and dissynchrony: Measuring the entrainment process in mother–infant interactions. *Journal of Personality and Social Psychology, 54,* 243–253.

Bernstein, I. (1990). *The New York City draft riots.* New York: Oxford University Press.

Berscheid, E. (1983). Emotion. In H. H. Kelley, E. Berscheid, A. Christensen, J. H. Harvey, T. L. Huston, G. Levinger, E. McClintock, L. A. Peplau, & D. R. Peterson (Eds.), *Close relationships* (pp. 110–168). New York: Freeman.

Bloch, S., Orthous, P., & Santibanez-H, G. (1987). Effector patterns of basic emotions: a psychophysiological method for training actors. *Journal of Social and Biological Structures, 10,* 1–19.

Bloom, K. (1975). Social elicitation of infant vocal behavior. *Journal of Experimental Child Psychology, 20,* 51–58.

Bousfield, W. A. (1950). The relationship between mood and the production of affectively toned associates. *Journal of General Psychology, 42,* 67–85.

Bower, G. H. (1981). Mood and memory. *American Psychologist, 36,* 129–148.

Bramel, D., Taub, B., & Blum, B. (1968). An observer's reaction to the suffering of his enemy. *Journal of Personality and Social Psychology, 8,* 384–392.

Bresler, C., & Laird, J. D. (1983). Short-term stability and discriminant validity of the "self-situational" cue dimension. Paper presented at the Eastern Psychological Association Meeting, Philadelphia, PA.

Brewer, D., Doughtie, E. B., & Lubin, B. (1980). Induction of mood and mood shift. *Journal of Clinical Psychology, 36,* 215–226.

Brontë, E. (1847/1976). *Wuthering Heights.* Oxford, England: Clarendon Press.

Brookner, A. (1987). *A friend from England.* New York: Harper & Row.

Brothers, L. (1989). A biological perspective on empathy. *American Journal of Psychiatry, 146,* 10–19.

Buck, R. (1976a). *Human motivation and emotion.* New York: Wiley.

(1976b). A test of nonverbal receiving ability: Preliminary studies. *Human Communication Research, 2,* 162–171.

(1980). Nonverbal behavior and the theory of emotion: The facial feedback hypothesis. *Journal of Personality and Social Psychology, 38,* 811–824.

(1984). *The communication of emotion.* New York: Guilford Press.

(1985). Prime theory: An integrated view of motivation and emotion. *Psychological Review, 92,* 389–413.

Buck, R., Baron, R., & Barette, D. (1982). Temporal organization of spontaneous emotional expression. *Journal of Personality and Social Psychology, 42,* 506–517.

Buck, R., Baron, R., Goodman, N., & Shapiro, B. (1980). Unitization of spontaneous nonverbal behavior in the study of emotion communication. *Journal of Personality and Social Psychology, 39,* 522–529.

Buck, R., & Carroll, J. (1974). *CARAT and PONS: Correlates of two tests of nonverbal sensitivity.* Unpublished manuscript, Carnegie–Mellon University, Pittsburgh.

Buck, R., Miller, R. E., & Caul, W. F. (1974). Sex, personality and physiological variables in the communication of emotion via facial expression. *Journal of Personality and Social Psychology, 30,* 587–596.

Buder, E. (1991). *Vocal synchrony in conversations: Spectral analysis of fundamental voice frequency.* Unpublished doctoral dissertation, Department of Communication Arts, University of Wisconsin–Madison.

Bugental, D. B., Blue, J., & Lewis, J. (1990). Caregiver beliefs and dysphoric affect directed to difficult children. *Developmental Psychology, 26,* 631–638.

Bull, N. (1951). The attitude theory of emotion. *Nervous and Mental Disease Monographs, 81,* New York: Coolidge Foundation.

Bush, L. K., Barr, C. L., McHugo, G. J., & Lanzetta, J. T. (1989). The effects of facial control and facial mimicry on subjective reactions to comedy routines. *Motivation and Emotion, 13,* 31–52.

Byatt, A. S. (1985). *Still life.* New York: MacMillan.

Byers, P. (1976). Biological rhythms as information channels in communication behavior. In P. P. G. Bateson and P. H. Klopfer (Eds.), *Perspectives in ethology* (Vol. 2, pp. 135–164). New York: Plenum Press.

Byrne, D. (1964). Repression–sensitization as a dimension of personality. In B. A. Maher (Ed.), *Progress in experimental personality research* (pp. 169–220). New York: Academic Press.

Cacioppo, J. T., Bush, L. K., & Tassinary, L. G. (1992). Microexpressive facial actions as a function of affective stimuli: Replication and extension. *Personality and Social Psychology Bulletin, 18,* 515–526.

Cacioppo, J. T., Klein, D. J., Berntson, G. G., & Hatfield, E. (1993). The psychophysiology of emotion. In M. Lewis & J. Haviland (Eds.), *The handbook of emotion.* New York: Guilford Press.

Cacioppo, J. T., & Petty, R. E. (1983). *Social psychophysiology: A sourcebook.* New York: Guilford Press.

Cacioppo, J. T., Priester, J. R., & Berntson, G. G. (in preparation). Rudimentary determinants of attitudes: Collateral somatic activity influences attitude formation.

Cacioppo, J. T., Tassinary, L. G., & Fridlund, A. J. (1990). Skeletomotor system. In J. T. Cacioppo & L. G. Tassinary (Eds.), *Principles of psychophysiology: Physical, social, and inferential elements* (pp. 325–384). New York: Cambridge University Press.

Cacioppo, J. T., Uchino, B. N., Crites, S. L., Snydersmith, M. A., Smith, G., Berntson, G. G., & Lang, P. J. (1992). Relationship between facial expressiveness and sympathetic activation in emotion: A critical review, with emphasis on modeling underlying mechanisms and individual differences. *Journal of Personality and Social Psychology, 62*, 110–128.

Campos, J. J., & Sternberg, C. R. (1981). Perception, appraisal and emotion: The onset of social referencing. In M. Lamb & L. Sherrod (Eds.), *Infant social cognition* (pp. 273–314). Hillsdale, NJ: Erlbaum.

Candland, D. K. (1977). The persistent problems of emotion. In D. K. Candland, J. P. Fell, E. Keen, A. I. Leshner, R. Plutchik, & R. M. Tarpy (Eds.), *Emotion* (pp. 1–84). Monterey, CA: Brooks/Cole.

Cannon, W. B. (1929). *Bodily changes in pain, hunger, fear, and rage, on account of recent researches into the function of emotional excitement* (2nd ed.). New York: Appleton.

Cantril, H. (1940). *The invasion from Mars.* Princeton, NJ: Princeton University Press.

Cappella, J. N. (1981). Mutual influence in expressive behavior: Adult–adult and infant–adult dyadic interaction. *Psychological Bulletin, 89*, 101–132.

    (1985). The management of conversations. In M. L. Knapp & G. R. Miller (Eds.), *The handbook of interpersonal communication* (pp. 393–438). Beverly Hills, CA: Sage.

    (1991). The biological origins of automated patterns of human interaction. *Communication Theory, 1*, 4–35.

Cappella, J. N., & Flagg, M. E. (1992, July 23–28). Interactional adaptation, expressiveness, and attraction: Kinesic and vocal responsiveness patterns in initial liking. Paper presented at the VIth International Conference on Personal Relationships, University of Maine, Orono.

Cappella, J. N., & Palmer, M. T. (1990). Attitude similarity, relational history, and attraction: The mediating effects of kinesic and vocal behavior. *Communication Monographs, 57*, 161–183.

Cappella, J. N., & Planalp, S. (1981). Talk and silence sequences in informal conversations: III. Interspeaker influence. *Human Communication Research, 7*, 117–132.

Carlson, J. G., & Hatfield, E. (1992). *Psychology of emotion.* Fort Worth, TX: Harcourt, Brace, Jovanovich.

Chapple, E. D. (1982). Movement and sound: The musical language of body rhythms in interaction. In M. Davis (Ed.), *Interaction rhythms: Periodicity in communicative behavior* (pp. 31–52). New York: Human Sciences Press.

Charney, E. J. (1966). Psychosomatic manifestations of rapport in psychotherapy. *Psychosomatic Medicine, 28*, 305–315.

Chen, S. C. (1937). Social modification of the activity of ants in nest-building. *Physiological Zoology, 10*, 420–436.

Chew, P. K., Phoon, W. H., & Mae-Lim, H. A. (1976). Epidemic hysteria among some factory workers in Singapore. *Singapore Medical Journal, 17*, 10–15.

Church, W. F. (Ed.), (1964). *The influence of the enlightenment on the French revolution: Creative, disastrous or non-existent?* Lexington, MA: D. C. Heath.

Clark, K. (1969). *Civilisation.* New York: Harper & Row.

Clynes, M. (1980). The communication of emotion: Theory of sentics. In R. Plutchik & H. Kellerman (Eds.), *Emotion: Theory, research, and experience: Vol. 1. Theories of emotion* (pp. 271–304). New York: Academic Press.

Colby, C. Z., Lanzetta, J. T., & Kleck, R. E. (1977). Effects of the expression of pain on autonomic and pain tolerance responses to subject-controlled pain. *Psychophysiology, 14,* 537–540.

Condon, W. S. (1982). Cultural microrhythms. In M. Davis (Ed.), *Interaction rhythms: Periodicity in communicative behavior* (pp. 53–76). New York: Human Sciences Press.

Condon, W. S., & Ogston, W. D. (1966). Sound film analysis of normal and pathological behavior patterns. *Journal of Nervous and Mental Disease, 143,* 338–347.

(1967). A method of studying animal behavior. *Journal of Auditory Research, 7,* 359–365.

Condon, W. S., & Sander, L. W. (1974). Neonate movement is synchronized with adult speech: Interactional participation and language acquisition. *Science, 183,* 99–101.

Cook, A. (1974). *The armies of the streets: The New York City draft riots of 1863.* Lexington, KY: University of Kentucky Press.

Coyne, J. C. (1976). Depression and the response of others. *Journal of Abnormal Psychology, 85,* 186–193.

Craig, K. D. (1968). Physiological arousal as a function of imagined, vicarious, and direct stress experiences. *Journal of Abnormal Psychology, 73,* 513–520.

Crown, C., & Feldstein, S. (in press). Coordinated interpersonal timing of vision and voice as a function of interpersonal attraction.

Cummings, E. M. (1987). Coping with background anger in early childhood. *Child Development, 58,* 976–984.

Cupchik, G. C., & Leventhal, H. (1974). Consistency between expressive behavior and the evaluation of humorous stimuli: The role of sex and self-observation. *Journal of Personality and Social Psychology, 30,* 429–442.

Czaplicka, M. A. (1914). *Aboriginal Siberia: A study in social anthropology.* Oxford, England: Clarendon Press.

Darnton, R. (1984). *The great cat massacre.* New York: Basic Books.

Darwin, C. (1872/1965). *The expression of the emotions in man and animals.* Chicago: University of Chicago Press.

Davis, M. R. (1985). Perceptual and affective reverberation components. In A. B. Goldstein & G. Y. Michaels (Eds.), *Empathy: Development, training, and consequences* (pp. 62–108). Hillsdale, NJ: Erlbaum.

DiMascio, A., Boyd, R. W., & Greenblatt, M. (1957). Physiological correlates of tension and antagonism during psychotherapy: A study of "interpersonal physiology." *Psychosomatic Medicine, 19,* 99–104.

DiMascio, A., Boyd, R. W., Greenblatt, M., & Solomon, H. D. (1955). The psychiatric interview: A sociophysiologic study. *Diseases of the Nervous System, 26,* 4–9.

Dimberg, U. (1982). Facial reactions to facial expressions. *Psychophysiology, 19,* 643–647.

(1988). Facial electromyography and the experience of emotion. *Journal of Psychophysiology, 3,* 277–282.

(1990). Facial electromyography and emotional reactions. *Psychophysiology, 27,* 481–494.

Doctorow, E. L. (1985). *World's fair.* New York: Random House.

Doherty, R. W., Orimoto, L., Hebb., J., & Hatfield, E. (1993). *Emotional contagion: Gender and occupational differences.* Unpublished manuscript, University of Hawaii, Honolulu.

Downey, G., & Coyne, J. C. (1990). Children of depressed parents: An integrative review. *Psychological Bulletin, 108,* 50–76.

Douglas, K. (1988). *The ragman's son: An autobiography.* New York: Pocket Books.

Douglis, C. (1989, April 14). We've got rhythm. *Pacific Sun,* pp. 3–6.

Doyle, A. C. (1917/1967). The adventure of the cardboard box. In W. S. Baring-Gould (Ed.), *The Annotated Sherlock Holmes* (Vol. II, pp. 193–208). New York: Clarkson N. Potter.

Drabble, M. (1939/1972). *The needle's eye, a novel.* New York: Knopf.

Duclos, S. E., Laird, J. D., Schneider, E., Sexter, M., Stern, L., & Van Lighten, O. (1989). Emotion-specific effects of facial expressions and postures on emotional experience. *Journal of Personality and Social Psychology, 57,* 100–108.

Duncan, J. W., & Laird, J. D. (1977). Cross-modality consistencies in individual differences in self-attribution. *Journal of Personality, 45,* 191–206.

(1980). Positive and reverse placebo effects as a function of differences in cues used in self-perception. *Journal of Personality and Social Psychology, 39,* 1024–1036.

Dysinger, D. W. (1931). A comparative study of affective responses by means of the impressive and expressive methods. *Psychological Monographs, 41,* 14–31.

Easterbrook, J. A. (1959). The effect of emotion on cue-utilization and the organization of behavior. *Psychological Review, 66,* 183–201.

Ebrahim, G. J. (1968). Mass hysteria in school children: Notes on three outbreaks in East Africa. *Clinical Pediatrics, 7,* 437–438.

Eisenberg, N., & Miller, P. (1987). Empathy, sympathy, and altruism: Empirical and conceptual links. In N. Eisenberg & J. Strayer (Eds.), *Empathy and its development* (pp. 292–316). New York: Cambridge University Press.

Eisenberg, N., & Strayer, J. (1987). *Empathy and its development.* New York: Cambridge University Press.

Ekman, P. (1985). *Telling lies.* New York: Berkeley Books.

(1992). Are there basic emotions? A reply to Ortony and Turner. *Psychological Review, 99,* 550–553.

Ekman, P., & Friesen, W. V. (1974). Nonverbal behavior and psychopathology. In R. J. Friedman & M. M. Katz (Eds.), *The psychology of depression: Contemporary theory and research* (pp. 203–224). New York: John Wiley & Sons.

Ekman, P., Friesen, W. V., & Scherer, K. (1976). Body movement and voice pitch in deceptive interaction. *Semiotica, 16,* 23–27.

Ekman, P., Levenson, R. W., & Friesen, W. V. (1983). Autonomic nervous system activity distinguishes among emotions. *Science, 221,* 1208–1210.

Emde, R. N., Gaensbauer, T., & Harmon, R. J. (1981). Using our emotions: Some principles for appraising emotional development and intervention. In M. Lewis & L. T. Taft (Eds.), *Developmental disabilities: Theory, assessment and intervention* (pp. 409–424). New York: SP Medical & Scientific Books.

Englis, B. G., Vaughan, K. B., & Lanzetta, J. T. (1981). Conditioning of counterempathic emotional responses. *Journal of Experimental Social Psychology, 18,* 375–391.

Eysenck, H. J. (1967). *The biological basis of personality.* Springfield, IL: Thomas.

Eysenck, H. [J.], & Eysenck, S. (1968a). *Manual for the Eysenck Personality Inventory.* San Diego: Educational Testing Service.

(1968b). *Personality structure and measurement.* San Diego, CA: Knapp.

Fahrenberg, J., Foerster, F., Schneider, H. J., Muller, W., & Myrtek, M. (1986). Predictability of individual differences in activation processes in field setting based on laboratory measures. *Psychophysiology, 23,* 323–333.

Feiffer, J. (1982). Introduction. In S. Heller (Ed.), *Jules Feiffer's America: From Eisenhower to Reagan.* New York: Alfred Knopf.

Feldstein, J. H. (1976). Sex differences in social memory among preschool children. *Sex Roles, 2,* 75–79.

Feldstein, S., & Welkowitz, J. (1978). A chronography of conversation: In defense of an objective approach. In A. W. Siegman & S. Feldstein (Eds.), *Nonverbal behavior and communication* (pp. 435–499). Hillsdale, NJ: Erlbaum.

Feshbach, N. D., & Roe, K. (1968). Empathy in six- and seven-year-olds. *Child Development, 39,* 133–145.

Field, T. (1982) Individual differences in the expressivity of neonates and young infants. In R. W. Feldman (Ed.), *Development of nonverbal behavior in children* (pp. 279–298). New York: Springer–Verlag.

Field, T., & Walden, T. A. (1982). Perception and production of facial expressions in infancy and early childhood. In H. Reese & L. Lipsett (Eds.), *Advances in child development and behavior* (Vol. 16, pp. 169–211). New York: Academic Press.

Field, T., Woodson, R., Cohen, D., Garcia, R., & Greenberg, R. (1982). Discrimination and imitation of facial expressions by term and preterm neonates. *Infant Behavior Development, 6,* 485–490.

Fischer, K. W., Shaver, P. R., & Carnochan, P. (1990). How emotions develop and how they organize development. *Cognition and Emotion, 4,* 81–127.

Fowles, D. C., Roberts, R., & Nagel, K. (1977). The influence of introversion/extraversion on the skin conductance responses to stress and stimulus intensity. *Journal of Research in Personality, 11,* 129–146.

Fraiberg, S. (1974). Blind infants and their mothers: An examination of the sign system. In M. Lewes & L. A. Rosenblum (Ed.), *The effect of the infant on its caregiver* (pp. 215–232). New York: Wiley.

Fredrikson, M., Danielssons, T., Engel, B. T., Frisk-Holmberg, M., Strom, G., & Sundin, O. (1985). Autonomic nervous system function and essential hypertension: Individual response specificity with and without beta-adrenergic blockade. *Psychophysiology, 22,* 167–174.

Freud, S. (1904/1959). *Psychopathology of everyday life.* New York: New American Library.

(1912/1958). Recommendations to physicians practising psycho-analysis. In J. Strachey (Ed.) (Trans. J. Reviene), *The standard edition of the complete psychological works of Sigmund Freud* (Vol. 12, p. 115). London: Hogarth Press.

Friedman, H. S., Prince, L. M., Riggio, R. E., & DiMatteo, M. R. (1980). Understanding and assessing non-verbal expressiveness: The Affective Communication Test. *Journal of Personality and Social Psychology, 39,* 333–351.

Friedman, H. S., & Riggio, R. E. (1981). Effect of individual differences in nonverbal expressiveness on transmission of emotion. *Journal of Nonverbal Behavior, 6,* 96–101.

Frodi, A. M., Lamb, M. E., Leavitt, L. A., Donovan, W. L., Neff, C., & Sherry, D. (1978). Fathers' and mothers' responses to the faces and cries of normal and premature infants. *Developmental Psychology, 14,* 490–498.

Fromm-Reichmann, F. (1950). *Principles of intensive psychotherapy.* Chicago: University of Chicago Press.

Fujita, B. N., Harper, R. G., & Wiens, A. N. (1980). Encoding–decoding of nonverbal emotional messages: Sex differences in spontaneous and enacted expressions. *Journal of Nonverbal Behavior, 4,* 131–145.

Gadlin, H. (1977). Private lives and public order: A critical view of the history of intimate relationships in the United States. In G. Levinger & H. L. Rausch (Eds.), *Perspectives on the meaning of intimacy* (pp. 33–72). Amherst: University of Massachusetts Press.

Galin, D. (1974). Implications for psychiatry of left and right cerebral specialization: A neurophysiological context for unconscious processes. *Archives of General Psychiatry, 31,* 572.

Gallagher, D., & Shuntich, R. J. (1981). Encoding and decoding of nonverbal behavior through facial expressions. *Journal of Research in Personality, 15,* 241–252.

Galton, F. (1884). Measurement of character. *Fortnightly Review, 42,* 179–185.

Garwood, M., Engel, B. T., & Capriotti, R. (1982). Autonomic nervous system function and aging: Response specificity. *Psychophysiology, 19,* 378–385.

Gazzaniga, M. S. (1985). *The social brain: Discovering the networks of the mind.* New York: Basic Books.

(1989). Organization of the human brain. *Science, 245,* 947–952.

Geen, R. G. (1983). The psychophysiology of extraversion–introversion. In J. T. Cacioppo & R. E. Petty (Eds.), *Social psychophysiology: A sourcebook* (pp. 391–416). New York: Guilford Press.

Gellhorn, E. (1964). Motion and emotion: The role of proprioception in the physiology and pathology of emotions. *Psychological Review, 71,* 457–572.

Gewirtz, J. L., & Boyd, E. F. (1976). Mother–infant interaction and its study. In H. W. Reese (Ed.), *Advances in child development and behavior* (Vol. 11, pp. 153–159). New York: Academic Press.

(1977). Experiments on mother–infant interaction underlying mutual attachment acquisition: The infant conditions the mother. In T. Alloway, P. Pliner, & L. Krames (Eds.), *Attachment behavior: Advances in the study of communication and affect* (Vol. 3, pp. 109–143). New York: Plenum Press.

Giles, H., & Powesland, P. F. (1975). *Speech style and social evaluation.* London: Academic Press.

Givner, J. (1982). *Katherine Anne Porter: A life.* New York: Simon & Schuster.

Goldfried, M. R., & Robins, C. (1983). Self-schema, cognitive bias, and the processing of therapeutic experiences. In P. C. Kendall (Ed.), *Advances in cognitive-behavioral research and therapy* (pp. 33–80). New York: Academic Press.

Goleman, D. (1989, March 28). The roots of empathy are traced to infancy. *New York Times,* pp. B1, B10.

(1991, October 15). Happy or sad, a mood can prove contagious. *New York Times,* pp. B5–7.

Gordon, J. E. (1957). Interpersonal predictions of repressors and sensitizers. *Journal of Personality, 25,* 686–698.

Gornick, V. (1987). *Fierce attachments.* New York: Simon & Schuster.

Gottman, J. M. (1979). *Marital interaction: Experimental investigations.* New York: Academic Press.

Gray, J. A. (1971). *The psychology of fear and stress.* New York: McGraw–Hill.

(1972). The psychophysiological nature of introversion–extraversion: A modification of Eysenck's theory. In V. D. Neylitsyn & J. A. Gray (Eds.), *Biological basis of individual behavior* (pp. 182–205). New York: Academic Press.

Grusec, J. E., & Abramovitch, R. (1982). Imitation of peers and adults in a natural setting: A functional analysis. *Child Development, 53,* 636–642.

Haggard, E. A., & Isaacs, K. S. (1966). Micromomentary facial expressions as indicators of ego mechanisms in psychotherapy. In L. A. Gottschalk & A. H. Auerbach (Eds.), *Methods of research in psychotherapy* (pp. 154–165). New York: Appleton–Century–Crofts.

Hall, J. A. (1978). Gender effects in decoding nonverbal cues. *Psychological Bulletin, 85,* 845–857.

—— (1979). Gender, gender roles, and nonverbal communication skills. In R. Rosenthal (Ed.), *Skill in nonverbal communication: Individual differences* (pp. 32–67). Cambridge, MA: Oelgeschlager, Gunn & Hain.

—— (1984). *Nonverbal sex differences: Communication accuracy and expressive style.* Baltimore: Johns Hopkins University Press.

Harlow, H. F., & Harlow, M. K. (1965). The affectional systems. In A. M. Schrier, H. F. Harlow, & F. Stollnitz (Eds.), *Behavior of nonhuman primates* (Vol. 2, pp. 287–334). New York: Academic Press.

Harrison, B. G. (1989). *Italian days.* New York: Ticknor & Fields.

Hatfield, E., Cacioppo, J., & Rapson, R. L. (1992). Emotional contagion. In M. S. Clark (Ed.), *Review of personality and social psychology: Vol. 14. Emotion and social behavior* (pp. 151–177). Newbury Park, CA: Sage.

Hatfield, E., Hsee, C. K., Costello, J., Schalenkamp, M., & Denney, C. (in press). The impact of vocal feedback on emotional experience and expression. *Journal of Nonverbal Behavior.*

Hatfield, E., & Rapson, R. (1990). Emotions: A trinity. In E. A. Bleckman (Ed.), *Emotions and the family: For better or worse* (pp. 11–33). Hillsdale, NJ: Erlbaum.

Hatfield, E., & Sprecher, S. (1986). *Mirror, mirror: The importance of looks in everyday life.* Albany, NY: SUNY Press.

Haviland, J. M., & Lelwica, M. (1987). The induced affect response: 10-week-old infants' responses to three emotion expressions. *Developmental Psychology, 23,* 97–104.

Haviland, J. M., & Malatesta, C. Z. (1981). The development of sex differences in nonverbal signals: Fallacies, facts, and fantasies. In C. Mayo & N. M. Henley (Eds.), *Gender and nonverbal behavior* (pp. 183–208). New York: Springer–Verlag.

Headley, J. T. (1971). *The great riots of New York 1712 to 1873.* New York: Dover.

Hebb, J. (1992). On measuring emotional contagion. Unpublished honors thesis. University of Hawaii, Honolulu.

Hecker, J. F. (1837/1970). *The dancing mania of the middle ages* (B. G. Babington, Trans.). New York: Burt Franklin.

Hirt, E. R. (1990). Do I see only what I expect? Evidence for an expectancy-guided retrieval model. *Journal of Personality and Social Psychology, 58,* 937–951.

Hittelman, J. H., & Dickes, R. (1979). Sex differences in neonatal eye contact time. *Merrill–Palmer Quarterly, 25,* 171–184.

Hoffman, M. L. (1973). Empathy, role-taking, guilt, and the development of altruistic motives. *Developmental Psychology Report No. 30,* Ann Arbor: University of Michigan.

—— (1978). Toward a theory of empathic arousal and development. In M. Lewis & L. A. Rosenblum (Eds.), *The development of affect* (pp. 227–256). New York: Plenum.

—— (1987). The contribution of empathy to justice and moral judgement. In N. Eisenberg & J. Strayer (Eds.), *Empathy and its development* (pp. 47–80). New York: Cambridge University Press.

Hohmann, G. W. (1966). Some effects of spinal cord lesions on experienced emotional feelings. *Psychophysiology, 3,* 143–156.

Howes, M. J., Hokanson, J. E., & Lowenstein, D. A. (1985). Induction of depressive affect after prolonged exposure to a mildly depressed individual. *Journal of Personality and Social Psychology, 49,* 1110–1113.

Hsee, C. K., Hatfield, E., Carlson, J. G., & Chemtob, C. (1990). The effect of power on susceptibility to emotional contagion. *Cognition and Emotion, 4,* 327–340.

———(1991). *Emotional contagion and its relationship to mood.* Unpublished manuscript, University of Hawaii, Honolulu.

Hsee, C. K., Hatfield, E., & Chemtob, C. (1991). Assessment of the emotional states of others: Conscious judgments versus emotional contagion. *Journal of Social and Clinical Psychology, 11,* 119–128.

Hugo, V. (1831/1928). *The hunchback of Notre-Dame.* New York: Dodd, Mead.

Humphrey, G. (1922) The conditioned reflex and the elementary social reaction. *Journal of Abnormal and Social Psychology, 17,* 113–119.

Hygge, S., & Ohman, A. (1976). The relation of vicarious to direct instigation and conditioning of electrodermal responses. *Scandanavian Journal of Psychology, 17,* 217–222.

Ickes, W., Patterson, M. L., Rajecki, D. W., & Tanford, S. (1982). Behavioral and cognitive consequences of reciprocal versus compensatory responses to pre-interaction expectancies. *Social Cognition, 1,* 160–190.

Isen, A. M. (1987). Positive affect, cognitive processes, and social behavior. *Advances in Experimental Social Psychology, 20,* 203–253.

Izard, C. E. (1971). *The face of emotion.* New York: Appleton–Century–Crofts.

———(1990). Facial expressions and the regulation of emotions. *Journal of Personality and Social Psychology, 58,* 487–498.

———(1992). Basic émotions, relations among emotions, and emotion–cognition relations. *Psychological Review, 99,* 561–565.

Jackson, D. N. (1974). *Personality Research Form manual.* New York: Research Psychologists Press.

James, W. (1890/1922). *The principles of psychology,* Vol. 2. New York: Dover.

———(1890/1984a). Emotions. In *Psychology: Briefer course* (pp. 324–338). Cambridge, MA: Harvard University Press.

———(1890/1984b). What is an emotion? In C. Calhoun and R. C. Solomon (Eds.), *What is an emotion?* (pp. 125–142). New York: Oxford University Press.

Jelalian, E., & Miller, A. G. (1984). The perseverance of beliefs: Conceptual perspectives and research developments. *Journal of Social and Clinical Psychology, 2,* 25–56.

Jhabvala, R. P. (1986). *Out of India.* New York: William Morrow.

Jochelson, W. I. (1900). The Yukaghir and Yukaghirized Tungus. *Materials for the study of the Yukaghir language and folk-lore, collected in the Kolyma district* (p. 34). St. Petersburg, Russia: IRAS.

Jones, H. E. (1935). The galvanic skin reflex as related to overt emotional expression. *American Journal of Psychology, 47,* 241–251.

———(1950). The study of patterns of emotional expression. In M. L. Reymert (Ed.), *Feelings and emotions.* (pp. 161–168). New York: McGraw–Hill.

Jung, C. G. (1968). Lecture five. *Analytical psychology; Its theory and practice* (pp. 151–160). New York: Random House.

Kagan, J., Reznick, J. S., & Snidman, N. (1988). Biological bases of childhood shyness. *Science, 240,* 167–171.

Kagan, N. I. (1978). Affective sensitivity test: Validity and reliability. Paper presented at the meeting of the American Psychological Association, San Francisco.

Kasprowicz, A. L., Manuck, S. B., Malkoff, S. B., & Krantz, D. S. (1990). Individual differences in behaviorally evoked cardiovascular response. *Psychophysiology, 27,* 605–619.

Kato, K., & Markus, H. (1992). *Interdependence and culture: Theory and measurement.* Unpublished manuscript, University of Michigan, Ann Arbor.

Kellerman, J., Lewis, J., & Laird, J. D. (1989). Looking and loving: the effects of mutual gaze on feelings of romantic love. *Journal of Research in Personality, 23,* 145–161.

Kendon, A. (1970). Movement coordination in social interaction: Some examples described. *Acta Psychologica, 32,* 1–25.

Kerckhoff, A. C., & Back, K. W. (1968). *The June bug: A study of hysterical contagion.* New York: Appleton–Century–Crofts.

Klawans, H. L. (1990). *Newton's madness: Further tales of clinical neurology.* London: Headline Book Publ.

Kleck, R. E., Vaughan, R. C., Cartwright-Smith, J., Vaughan, K. B., Colby, C. Z., & Lanzetta, J. T. (1976). Effects of being observed on expressive, subjective, and physiological responses to painful stimuli. *Journal of Personality and Social Psychology, 34,* 1211–1218.

Klein, D. J., and Cacioppo, J. T. (1993). *The Facial Expressiveness Scale and the Autonomic Reactivity Scale.* Unpublished manuscript, Ohio State University, Columbus.

Klein, J. (1992, November/December). The year of the voter. *Newsweek,* special issue, pp. 14–15.

Kleinke, C. L., & Walton, J. H. (1982). Influence of reinforced smiling on affective responses in an interview. *Journal of Personality and Social Psychology, 43,* 557–565.

Klinnert, M. D., Campos, J. J., Sorce, J. F., Emde, R. N., & Sveida, M. (1983). Emotions as behavior regulators: Social referencing in infants. In R. Plutchik & H. Kellerman (Eds.), *Emotion: Theory, research, and experience: Vol. 2. Emotions in early development* (pp. 57–86). New York: Academic Press.

Kohler, W. (1927). *The mentality of apes* (2nd ed.) (E. Winter, Trans.). New York: Harcourt.

Kopel, S., & Arkowitz, H. S. (1974). Role playing as a source of self-observation and behavior change. *Journal of Personality and Social Psychology, 29,* 677–686.

Kraut, R. E. (1982). Social pressure, facial feedback, and emotion. *Journal of Personality and Social Psychology, 42,* 853–863.

Krebs, D. (1975). Empathy and altruism. *Journal of Personality and Social Psychology, 32,* 1134–1146.

Lacey, J. I. (1959). Psychophysiological approaches to the evaluation of psychotherapeutic process and outcome. In E. A. Rubinstein & M. B. Parloff (Eds.), *Research in psychotherapy* (Vol. 1, pp. 160–208). Washington, DC: American Psychological Association.

(1967). Somatic response patterning and stress: Some revisions of activation theory. In M. H. Appley & R. Trumbull (Eds.), *Psychological stress: Issues in research* (pp. 14–42). New York: Appleton–Century–Crofts.

Lacey, J. I., Bateman, D. E., & Van Lehn, R. (1953). Autonomic response specificity: An experimental study. *Psychosomatic Medicine, 15,* 8–21.

Lacey, J. I., Kagan, J., Lacey, B. C., & Moss, H. A. (1963). The visceral level: Situational determinants and behavioral correlates of autonomic response patterns. In P. H. Knapp (Ed.), *Expression of the emotions in man* (pp. 161–196). New York: International Universities Press.

Lacey, J. I., & Lacey, B. C. (1958). Verification and extension of the principle of autonomic response-stereotypy. *American Journal of Psychology, 71,* 50–73.

Lachman, R., Lachman, J. L., & Butterfield, E. C. (1979). *Cognitive psychology and information processing: An introduction.* Hillsdale, NJ: Erlbaum.

Ladurie, E. L. R. (1979). *Montaillou: The promised land of error.* New York: Vintage Press.

La France, M. (1979). Nonverbal synchrony and rapport: Analysis by the cross-lag panel technique. *Social Psychology Quarterly, 42,* 66–70.

(1982). Posture mirroring and rapport. In M. Davis (Ed.), *Interaction rhythms: Periodicity in communicative behavior* (pp. 279–298). New York: Human Sciences Press.

La France, M., & Banaji, M. (1992). Toward a reconsideration of the gender–emotion relationship. In M. S. Clark (Ed.), *Review of personality and social psychology: Vol. 14. Emotion and social behavior* (pp. 178–201). Newbury Park, CA: Sage.

La France, M., & Broadbent, M. (1976). Group rapport: Posture sharing as a nonverbal indicator. *Group and Organization Studies, 1,* 328–333.

La France, M., & Ickes, W. (1981). Posture mirroring and interactional involvement: Sex and sex typing effects. *Journal of Nonverbal Behavior, 5,* 139–154.

Laird, J. D. (1974). Self-attribution of emotion: The effects of expressive behavior on the quality of emotional experience. *Journal of Personality and Social Psychology, 33,* 475–486.

(1984). The real role of facial response in the experience of emotion: A reply to Tourangeau and Ellsworth, and others. *Journal of Personality and Social Psychology, 47,* 909–917.

Laird, J. D., & Bresler, C. (1992). The process of emotional experience: A self-perception theory. In M. S. Clark (Ed.), *Review of personality and social psychology: Vol. 13. Emotion* (pp. 213–234). Newbury Park, CA: Sage.

Laird, J. D., & Crosby, M. (1974). Individual differences in the self-attribution of emotion. In H. London and R. E. Nisbett (Eds.), *Thought and feeling: Cognitive alteration of feeling states* (pp. 45–59). Chicago: Aldine.

Laird, J. D., Wagener, J. J., Halal, M., & Szegda, M. (1982). Remembering what you feel: Effects of emotion and memory. *Journal of Personality and Social Psychology, 42,* 646–675.

Lang, P. J. (1985). The cognitive psychophysiology of emotion: Fear and anxiety. In A. H. Tuma & J. D. Maser (Eds.), *Anxiety and the anxiety disorders* (pp. 131–170). Hillsdale, NJ: Erlbaum.

Lange, C. (1885/1922). The emotions (I. A. Istar Haupt, Trans.). In K. Dunlap (Ed.), *The emotions* (pp. 33–90). Baltimore: Williams & Wilkens.

Lanzetta, J. T., Biernat, J. J., & Kleck, R. E. (1982). Self-focused attention, facial behavior, autonomic arousal and the experience of emotion. *Motivation and Emotion, 6,* 49–63.

Lanzetta, J. T., Cartwright-Smith, J., & Kleck, R. E. (1976). Effects of nonverbal dissimulation on emotional experience and autonomic arousal. *Journal of Personality and Social Psychology, 33,* 354–370.

Lanzetta, J. T., & McHugo, G. J. (1986, October). The history and current status of the facial feedback hypothesis. Paper presented at the 26th annual meeting of the Society for Psychophysiological Research, Montréal, Québec, Canada.

Lanzetta, J. T., & Orr, S. P. (1980). Influences of facial expression on the classical conditioning of fear. *Journal of Personality and Social Psychology, 39,* 1081–1087.

(1981). Stimulus properties of facial expressions and their influence on the classical conditioning of fear. *Motivation and Emotion, 5,* 225–234.

(1986). Excitatory strength of expressive faces: Effects of happy and fear expressions and context on the extinction of a conditioned fear response. *Journal of Personality and Social Psychology, 50,* 190–194.

Larsen, R. J., Kasimatis, M., & Frey, K. (1992). Facilitating the furrowed brow: An unobtrusive test of the facial feedback hypothesis applied to negative affect. *Cognition and emotion, 6,* 321–338.

Lazarus, R. S. (1984). Thoughts on the relations between emotion and cognition. In K. Scherer & P. Ekman (Eds.), *Approaches to emotion* (pp. 247–257). Hillsdale, NJ: Erlbaum.

(1991). *Emotion and adaptation.* New York: Oxford University Press.

Le Bon, G. (1896). *The crowd: A study of the popular mind.* London: Ernest Benn, Ltd.

Le Doux, J. E. (1986). Sensory systems and emotion: A model of affective processing. *Integrative Psychiatry, 4,* 237–248.

Lefebvre, G. (1973). *The great fear of 1789* (J. White, Trans.). New York: Pantheon.

Lehmann-Haupt, C. (1988, August 4). How an actor found success and himself. *New York Times,* p. B2.

Levenson, R. W., Carstensen, L. L., Friesen, W. V., & Ekman, P. (1991). Emotion, physiology, and expression in old age. *Psychology and Aging, 6,* 28–35.

Levenson, R. W., Ekman, P., & Friesen, W. V. (1990). Voluntary facial action generates emotion-specific autonomic nervous system activity. *Psychophysiology, 27,* 363–384.

Levenson, R. W., & Gottman, J. M. (1983). Marital interaction: Physiological linkage and affective exchange. *Journal of Personality and Social Psychology, 45,* 587–597.

Levenson, R. W., & Ruef, A. M. (1992). Empathy: A physiological substrate. *Journal of Personality and Social Psychology, 63,* 234–246.

Leventhal, H., & Mace, W. (1970). The effect of laughter on evaluation of a slapstick movie. *Journal of Personality, 38,* 16–30.

Lewicki, P. (1986). *Nonconscious social information processing.* New York: Academic Press.

Lewis, C. S. (1961). *A grief observed.* London: Faber and Faber.

Lipps, T. (1903). XIV. Kapitel: Die einfühlung. In *Leitfaden der psychologie* [Guide to psychology] (pp. 187–201). Leipzig: Verlag von Wilhelm Engelmann.

Luria, A. R. (1902/1987). *The mind of a mnemonist* (L. Solotaroff, Trans.). Cambridge, MA: Harvard University Press.

Maak, R. (1883–1887). *The Viluysk district of the Yakutsk territory* (Vol. 3., pp. 28). St. Petersburg, Russia.

McArthur, L. A., Solomon, M. R., & Jaffee, R. H. (1980). Weight and sex differences in emotional responsiveness to proprioceptive and pictorial stimuli. *Journal of Personality and Social Psychology, 39,* 308–319.

McCague, J. (1968). *The second rebellion: The story of the New York City draft riots of 1863.* New York: Dial Press.

McCarthy, M. (1954). *A charmed life.* New York: New American Library.

McCaul, K. D., Holmes, D. S., & Solomon, S. (1982). Voluntary expressive changes and emotion. *Journal of Personality and Social Psychology, 42,* 145–152.

McCurdy, H. G. (1950). Consciousness and the galvanometer. *Psychological Review, 57,* 322–327.

McHugo, G. J., Lanzetta, J. T., Sullivan, D. G., Masters, R. D., & Englis, B. G. (1985). Emotional reactions to a political leader's expressive displays. *Journal of Personality and Social Psychology, 49,* 1513–1529.

McIntosh, D. N. (1991). *The social induction of affect.* Unpublished manuscript, University of Michigan, Ann Arbor.

MacLean, P. D. (1949). Psychosomatic disease and the "visceral brain." *Psychosomatic Medicine, 11,* 338–353.

(1975). Sensory and perceptive factors in emotional function of the triune brain. In R. G. Grenell & S. Gabay (Eds.), *Biological foundations of psychiatry* (Vol. 1, pp. 177–198). New York: Raven Press.

McMurtry, L. (1989). *Some can whistle.* New York: Pocket Books.

Mailer, N. (1979). *The executioner's song.* Boston: Little, Brown.

Malatesta, C. Z., & Haviland, J. M. (1982). Learning display rules: The socialization of emotion expression in infancy. *Child Development, 53,* 991–1003.

Malmo, R. B., & Shagass, C. (1949). Physiologic study of symptom mechanisms in psychiatric patients under stress. *Psychosomatic Medicine, 11,* 25–29.

Mandler, G. (1975). *Mind and emotion.* New York: Wiley.

(1984). *Mind and body: Psychology of emotion and stress.* New York: Norton.

Mann, T. (1965). *Death in Venice.* New York: Alfred A. Knopf.

(1969). *The magic mountain.* New York: Vintage.

Manstead, A. S. R. (1988). The role of facial movement in emotion. In H. L. Wagner (Ed.), *Social psychophysiology and emotion: Theory and clinical applications* (pp. 105–130). New York: Wiley.

Manstead, A. S. R., MacDonald, C. J., & Wagner, H. L. (1982). *Nonverbal communication of emotion via spontaneous facial expressions.* Unpublished manuscript, University of Manchester, England.

Marcia, J. (1987). Empathy and psychotherapy. In N. Eisenberg & J. Strayer (Eds.), *Empathy and its development* (pp. 81–102). New York: Cambridge University Press.

Markus, H. (1977). Self-schemata and processing information about the self. *Journal of Personality and Social Psychology, 35,* 63–78.

Markus, H. R., & Kitayama, S. (1991). Culture and self: Implications for cognition, emotion, and motivation. *Psychological Review, 98,* 224–253.

Marshall, G., & Zimbardo, P. (1979). The affective consequences of inadequately explained physiological arousal. *Journal of Personality and Social Psychology, 37,* 970–988.

Maslach, C. (1979). Negative emotional biasing of unexplained arousal. *Journal of Personality and Social Psychology, 37,* 953–969.

Matarazzo, J. D., Weitman, M., Saslow, G., & Wiens, A. N. (1963). Interviewer influence on durations of interviewee speech. *Journal of Verbal Learning and Verbal Behavior, 1,* 451–458.

Matarazzo, J. D., & Wiens, A. N. (1972). *The interview: Research on its anatomy and structure.* Chicago: Aldine–Atherton.

Matsumoto, D. (1987). The role of facial response in the experience of emotion: More methodological problems and a meta-analysis. *Journal of Personality and Social Psychology, 52,* 769–774.

Meltzoff, A. N. (1988). Infant imitation after a 1-week delay: Long-term memory for novel acts and multiple stimuli. *Developmental Psychology, 24,* 470–476.

Meltzoff, A. N., & Moore, M. K. (1977). Imitations of facial and manual gestures by human neonates. *Science, 198,* 75–78.

Miller, A. (1987). *Timebends.* New York: Harper & Row.

Miller, J. B. (1976). *Towards a new psychology of women.* Boston: Beacon Press.

Miller, R. E. (1967). Experimental approaches to the physiological and behavioral concomitants of affective communication in rhesus monkeys. In S. A. Altmann

(Ed.), *Social communication among primates* (pp. 125–134). Chicago: University of Chicago Press.

Miller, R. E., Banks, J. H., & Ogawa, N. (1963). Role of facial expression in "cooperative–avoidance conditioning" in monkeys. *Journal of Abnormal and Social Psychology, 67,* 24–30.

Miller, R. E., Murphy, J. V., & Mirsky, I. A. (1959). Non-verbal communication of affect. *Journal of Clinical Psychology, 15,* 155–158.

Mirsky, I. A., Miller, R. E., & Murphy, J. V. (1958). The communication of affect in rhesus monkeys: I. An experimental method. *Journal of the American Psychoanalytic Association, 6,* 433–441.

Moore, S. (1960). *The Stanislavski system.* New York: Viking Press.

Morgan, T. (1980). *Maugham.* New York: Simon & Schuster.

Morgenstern, J. (1990, November 11). Robin Williams: More than a shtick figure. *New York Times Magazine,* pp. 33–108.

Morris, D. (1966). Postural echo. *Manwatching* (pp. 83–85). New York: Henry N. Abrahams.

Mosak, H. H., & Dreikurs, R. (1973). Adlerian psychology. In R. Corsini (Ed.), *Current psychotherapies* (pp. 35–83). Itasca, IL: F. E. Peacock.

Mullen, B., Futrell, D. E., Stairs, D., Tice, D. M., Baumeiser, R. F., Dawson, K. E., Riordan, C. A., Radloff, C. E., Goethals, G. R., Kennedy, J. G., & Rosenfeld, P. (1986). Newscasters' facial expressions and voting behavior of viewers: Can a smile elect a president? *Journal of Personality and Social Psychology, 51,* 291–295.

Murphy, G. (1947). *Personality: A biosocial approach to origins and structure.* New York: Harper.

Natale, M. (1975). Convergence of mean vocal intensity in dyadic communication as a function of social desirability. *Journal of Personality and Social Psychology, 32,* 790–804.

Nisbett, R. E., & Wilson, T. D. (1977). Telling more than we can know: Verbal reports on mental processes. *Psychological Review, 84,* 231–259.

Noller, P. (1982). Couple communication and marital satisfaction. *Australian Journal of Sex, Marriage and Family, 3,* 69–75.

(1986). Sex differences in nonverbal communication: Advantage lost or supremacy regained? *Australian Journal of Psychology, 38,* 23–32.

(1987). Nonverbal communication in marriage. In D. Perlman & S. Duck (Eds.), *Intimate relationships: Development, dynamics, and deterioration* (pp. 149–175). London: Sage Publications.

Oatley, K., & Jenkins, J. M. (1992). Human emotions: Function and dysfunction. *Annual Review of Psychology, 43,* 55–85.

O'Brien, D. (1985). *Two of a kind: The Hillside stranglers.* New York: New American Library.

Ohman, A. (1988). Nonconscious control of autonomic responses: A role for Pavlovian conditioning? *Biological Psychology, 27,* 113–135.

Ohman, A., & Dimberg, U. (1978). Facial expressions as conditioned stimuli for electrodermal response: A case study of "preparedness"? *Journal of Personality and Social Psychology, 36,* 1251–1258.

Orr, S., & Lanzetta, J. (1980). Facial expressions of emotion as conditioned stimuli for human autonomic responses. *Journal of Personality and Social Psychology, 38,* 278–282.

(1984). Extinction of an emotional response in the presence of facial expressions of emotion. *Motion and Emotions, 8,* 55–66.

Ortony, A., & Turner, T. J. (1990). What's basic about basic emotions? *Psychological Review, 97,* 315–331.

Osgood, C. (1976). *Focus on meaning.* Paris: Mouton.

O'Toole, R., & Dubin, R. (1968). Baby feeding and body sway: An experiment in George Herbert Mead's "taking the role of the other." *Journal of Personality and Social Psychology, 10,* 59–65.

Panksepp, J. (1986). The anatomy of emotions. In R. Plutchik & H. Kellerman (Eds.), *Emotion: Theory, research, and experience. Vol. 3: Biological foundations of emotion* (pp. 91–124). New York: Academic Press.

⸺ (in press). A critical role for "affective neuroscience" in resolving what is basic about basic emotions: Response to Ortony and Turner. *Psychological Review.*

Papez, J. W. (1937). A proposed mechanism of emotion. *Archives of Neurology and Psychiatry, 38,* 725–743.

Patterson, M. L. (1976). An arousal model of interpersonal intimacy. *Psychological Review, 83,* 235–245.

Perper, T. (1985). *Sex signals: The biology of love.* Philadelphia: ISI Press.

Plato (1953). *Symposium* (B. Jowett, Trans.). *The dialogues of Plato* (pp. 479–555). Oxford, England: Clarendon Press.

Plomin, R. (1989). Environment and genes: Determinants of behavior. *American Psychologist, 44,* 105–111.

Poe, E. A. (1915). The purloined letter. *The tales and poems of Edgar Allan Poe: Vol. III. Tales and poems* (pp. 84–113). New York: G. P. Putnam's Sons.

Posner, M. I., & Snyder, C. R. R. (1975). Attention and cognitive control. In R. L. Solso (Ed.), *Information processing and cognition: The Loyola symposium* (pp. 55–87). Hillsdale, NJ: Erlbaum.

Postman, L., Bruner, J. S., & McGinnies, E. (1948). Personal values as selective factors in perception. *Journal of Abnormal and Social Psychology, 43,* 142–154.

Priklonski, V. L. (1890). *Three years in the Yakutsk territory* (p. 34). St. Petersburg, Russia: LAT.

Provine, R. R. (1986). Yawning as a stereotyped action pattern and releasing stimulus. *Ethology, 72,* 109–122.

⸺ (1989). Contagious yawning and infant imitation. *Bulletin of the Psychonomic Society, 27,* 125–126.

⸺ (1992). Contagious laughter: Laughter is a sufficient stimulus for laughs and smiles. *Bulletin of the Psychonomic Society, 30,* 1–4.

Provine, R. R., & Fischer, K. R. (1989). Laughing, smiling, and talking: Relation to sleeping and social context in humans. *Ethology, 83,* 295–305.

Rapson, R. L. (1980). *Denials of doubt: An interpretation of American history.* Lanham, MD: University Press of America.

Reay, M. (1960). "Mushroom madness" in the New Guinea Highlands. *Oceania, 31,* 135–139.

Reibstein, L., & Joseph, N. (1988, August 8). Mimic your way to the top. *Newsweek,* p. 50.

Reich, W. (1933/1945). *Character analysis* (3rd ed.; V. R. Carfagno, Trans.). New York: Simon & Schuster.

Reik, T. (1948). *Listening with the third ear: The inner experience of a psychoanalyst.* New York: Farrar, Straus & Giroux.

Reissland, N. (1988). Neonatal imitation in the first hour of life: Observations in rural Nepal. *Developmental Psychology, 24,* 464–469.

Rhodenwalt, F., & Comer, R. (1979). Induced–compliance attitude change: Once more with feeling. *Journal of Experimental Social Psychology, 15,* 35–47.

Riskind, J. H. (1983). Nonverbal expressions and the accessibility of life experience memories: A congruency hypothesis. *Social Cognition, 2,* 62–86.

(1984). The stoop to conquer: Guiding and self-regulatory functions of physical posture after success and failure. *Journal of Personality and Social Psychology, 47,* 479–493.

Riskind, J. H., & Gotay, C. C. (1982). Physical posture: Could it have regulatory or feedback effects on motivation and emotion? *Motivation and Emotion, 6,* 273–298.

Rodgers, R., & Hammerstein, O. (1943). *Oklahoma!* New York: Random House.

Rooney, A. A. (1989). *Not that you asked.* New York: Random House.

Rosenthal, R., & DePaulo, B. M. (1979a). Sex differences in eavesdropping on nonverbal cues. *Journal of Personality and Social Psychology, 37,* 273–285.

(1979b). Sex differences in accommodation in nonverbal communication. In R. Rosenthal (Ed.), *Skill in nonverbal communication: Individual differences* (pp. 68–103). Cambridge, MA: Oelgeschlager, Gunn, & Hain.

Rosenthal, R., Hall, J. A., DiMatteo, M. R., Rogers, P. L., & Archer, D. (1979). *Sensitivity to nonverbal communication: The PONS test.* Baltimore: Johns Hopkins University Press.

Ross, M., & Olson, J. M. (1981). An expectancy–attribution model of the effects of placebos. *Psychological Review, 88,* 408–437.

Rude, G. P. E. (1981). *The crowd in history: A study of popular disturbances in France and England.* London: Lawrence & Wishart.

Rutledge, L. L., & Hupka, R. B. (1985). The facial feedback hypothesis: Methodological concerns and new supporting evidence. *Motivation and Emotion, 9,* 219–240.

Sackett, G. (1966). Monkeys reared in isolation with pictures as visual input: Evidence for an innate releasing mechanism. *Science, 154,* 1468–1473.

Sacks, O. (1987). *The man who mistook his wife for a hat.* New York: Harper Perennial.

Salovey, P., & Mayer, J. D. (1990). Emotional intelligence. *Imagination, Cognition and Personality, 9,* 185–211.

Schachter, S., & Singer, J. (1962). Cognitive, social, and physiological determinants of emotional state. *Psychological Review, 69,* 379–399.

Schachter, S., & Wheeler, L. (1962). Epinephrine, chlorpromazine, and amusement. *Journal of Abnormal and Social Psychology, 65,* 121–128.

Scheflen, A. E. (1964). The significance of posture in communication systems. *Psychiatry, 27,* 316–331.

Scherer, K. (1982). Methods of research on vocal communication: Paradigms and parameters. In K. R. Scherer & P. Ekman (Eds.), *Handbook of methods in nonverbal behavior research* (pp. 136–198). New York: Cambridge University Press.

Schmeck, H. M. (1983, Sept. 9). Study says smile may indeed be an umbrella. *New York Times,* pp. A1, A16.

Schreiber, L. (1990). *Midstream.* New York: Viking.

Schwartz, G. E., Brown, S., & Ahern, G. L. (1980). Facial muscle patterning and subjective experience during affective imagery: Sex differences. *Psychophysiology, 17,* 75–82.

Sedikides, C. (1992). Mood as a determinant of attentional focus. *Cognition and Emotion, 6,* 129–148.

Shepard, R. N. (1990). *Mind sights.* San Francisco: W. H. Freeman.

Sherwood, A., Dolan, C. A., & Light, K. C. (1990). Hemodynamics of blood pressure during active and passive coping. *Psychophysiology, 27,* 656–668.

Shields, S. A. (1987). Women, men, and the dilemma of emotion. In P. Shaver & C. Hendrick (Eds.), *Review of personality and social psychology: Vol. 7. Sex and gender* (pp. 229–250). Newbury Park, CA: Sage.

Shields, S. A., & Stern, R. M. (1979). Emotion: The perception of bodily change. In P. Pliner, K. R. Blankstein, & I. M. Spigel (Eds.), *Perception of emotion in self and others* (pp. 85–106). New York: Plenum Press.

Shiffrin, R. M., & Schneider, W. (1977). Controlled and automatic human information processing: II. Perceptual learning, automatic attending and a general theory. *Psychological Review, 84,* 127–190.

Siegman, A. W., Anderson, R. A., & Berger, T. (1990). The angry voice: Its effects on the experience of anger and cardiovascular reactivity. *Psychosomatic Medicine, 52,* 631–643.

Siegman, A. W., & Reynolds, M. (1982). Interviewer–interviewee nonverbal communications: An interactional approach. In M. Davis (Ed.), *Interaction rhythms: Periodicity in communicative behavior* (pp. 249–278). New York: Human Sciences Press.

Simner, M. L. (1971). Newborn's response to the cry of another infant. *Developmental Psychology, 5,* 136–150.

Smith, A. (1759/1976). *The theory of moral sentiments.* Oxford, England: Clarendon Press.

Snodgrass, S. E. (1985). Women's intuition: The effect of subordinate role on interpersonal sensitivity. *Journal of Personality and Social Psychology, 49,* 146–155.

Snyder, M. (1984). When beliefs create reality. In L. Berkowitz (Ed.), *Advances in experimental social psychology* (Vol. 18, pp. 247–305). New York: Academic Press.

Snyder, M., Tanke, E. D., & Berscheid, E. (1977). Social perception and interpersonal behavior: On the self-fulfilling nature of social stereotypes. *Journal of Personality and Social Psychology, 35,* 656–666.

Stein, E. (1917/1964) *On the problem of empathy* (W. Stein, Trans.). The Hague: Marinus Nyhoff.

Stepper, S., & Strack, F. (1992). Proprioceptive determinants of affective and nonaffective feelings. Manuscript under review.

Stiff, J. B., Dillard, J. P., Somera, L., Kim, H., & Sleight, C. (1988). Empathy, communication, and prosocial behavior. *Communication Monographs, 55,* 198–213.

Stockert, N. (1993). *Perceived similarity and emotional contagion.* Unpublished Ph.D. dissertation, University of Hawaii, Honolulu.

Stone, L. (1977). *The family, sex, and marriage: In England 1500–1800.* New York: Harper & Row.

Storms, M. D., & Nisbett, R. E. (1970). Insomnia and the attribution process. *Journal of Personality and Social Psychology, 16,* 319–328.

Stotland, E. (1969). Exploratory investigations of empathy. In L. Berkowitz (Ed.), *Advances in experimental social psychology* (Vol. 4, pp. 271–314). New York: Academic Press.

Strack, F., Martin, L. L., & Stepper, S. (1988). Inhibiting and facilitating conditions of the human smile: A nonobtrusive test of the facial feedback hypothesis. *Journal of Personality and Social Psychology, 54,* 768–776.

Street, R. L., Jr. (1984). Speech convergence and speech evaluation in fact-finding interviews. *Human Communication Research, 11,* 139–169.

Sullins, E. S. (1991). Emotional contagion revisited: Effects of social comparison and expressive style on mood convergence. *Personality and Social Psychology Bulletin, 17,* 166–174.

Swann, W. B., & Read, S. J. (1981). Self-verification process: How we sustain our self-conceptions. *Journal of Experimental Social Psychology, 17,* 351–372.

Tansey, M. J., & Burke, W. F. (1989). *Understanding counter-transference: From projective identification to empathy.* Hillsdale, NJ: Analytic Press.

Tassinary, L. G., Cacioppo, J. T., & Geen, T. R. (1989). A psychometric study of surface electrode placements for facial electromyographic recording: I. The brow and cheek muscle regions. *Psychophysiology, 26,* 1–16.

Taylor, C. (1989). *Sources of the self: The making of the modern identity.* Cambridge, MA: Harvard University Press.

Ten Houten, W. D., Hoppe, K. D., Bogen, J. E., & Walter, D. O. (1985). Alexithymia and the split brain: IV. Gottschalk–Gleser content analysis, an overview. *Psychotherapy and Psychosomatics, 44,* 113–121.

(1986). Alexithymia: An experimental study of cerebral commissurotomy patients and normal control subjects. *American Journal of Psychiatry, 143,* 312–316.

Teoh, J. I., Soewondo, S., & Sidharta, M. (1975). Epidemic hysteria in Malaysian schools: An illustrative episode. *Psychiatry, 38,* 258–269.

Termine, N. T., & Izard, C. E. (1988). Infants' response to their mother's expressions of joy and sadness. *Developmental Psychology, 24,* 223–229.

Theroux, P. (1988). *Riding the iron rooster: By train through China.* London: Hamish Hamilton.

Thomas, D. L., Franks, D. D., & Calonico, J. M. (1972). Role-taking and power in social psychology. *American Sociological Review, 37,* 605–614.

Thompson, R. A. (1987). Empathy and emotional understanding: The early development of empathy. In N. Eisenberg & J. Strayer (Eds.), *Empathy and its development* (pp. 119–145). New York: Cambridge University Press.

Tickle-Degnen, L., & Rosenthal, R. (1987). Group rapport and nonverbal behavior. *Review of Personality and Social Psychology, 9,* 113–136.

Titchener, E. (1909). *Experimental psychology of the thought processes.* New York: Macmillan.

Tomkins, S. S. (1962, 1963). *Affect, imagery, consciousness,* 2 vols. New York: Springer.

(1980). Affect as amplification: Some modifications in theory. In R. Plutchik & H. Kellerman (Eds.), *Emotion: Theory, research, and experience: Vol. 1. Theories of emotion* (pp. 141–164). New York: Academic Press.

Tourangeau, R., & Ellsworth, P. C. (1979). The role of facial response in the experience of emotion. *Journal of Personality and Social Psychology, 37,* 1519–1531.

Tronick, E. D., Als, H., & Brazelton, T. B. (1977). Mutuality in mother–infant interaction. *Journal of Communication, 27,* 74–79.

Trout, D. L., & Rosenfeld, H. M. (1980). The effect of postural lean and body congruence on the judgment of psychotherapeutic rapport. *Journal of Nonverbal Behavior, 4,* 176–190.

Tseng, W-S., & Hsu, J. (1980). Minor psychological disturbances of everyday life. In H. C. Triandis & J. D. Draguns (Eds.), *Handbook of cross-cultural psychology: Vol. 6. Psychopathology* (pp. 61–97). Boston: Allyn & Bacon.

Uchino, B. C., Hatfield, E., Carlson, J. G., & Chemtob, C. (1991). *The effect of cognitive expectations on susceptibility to emotional contagion.* Unpublished manuscript, University of Hawaii, Honolulu.

Updike, J. (1989). *Self-consciousness.* New York: Fawcett Crest.

Vaughan, K. B., & Lanzetta, J. T. (1980). Vicarious instigation and conditioning of facial expressive and autonomic responses to a model's expressive display of pain. *Journal of Personality and Social Psychology, 38,* 909–923.

Voglmaier, M. M., & Hakeren, G. (1989, August) Facial electromyography (EMG) in response to facial expressions: Relation to subjective emotional experience and trait affect. Paper presented at the meetings of the Society for Psychophysiological Research, New Orleans, LA.

Wagner, H. L., MacDonald, C. J., & Manstead, A. S. R. (1986). Communication of individual emotions by spontaneous facial expressions. *Journal of Personality and Social Psychology, 50,* 737–743.

Wallbott, H. G. (1991). Recognition of emotion from facial expression via imitation? Some indirect evidence for an old theory. *British Journal of Social Psychology, 30,* 207–219.

Ward, G. C. (1989). *A first-class temperament.* New York: Harper & Row.

Warner, R. [M.] (1990). *Interaction tempo and evaluation of affect in social interaction: Rhythmic systems versus causal modeling approaches.* Unpublished manuscript, University of New Hampshire, Durham.

Warner, R. M., Waggener, T. B., & Kronauer, R. E. (1983). Synchronized cycles in ventilation and vocal activity during spontaneous conversational speech. *Journal of Applied Physiology: Respiratory, Environmental and Exercise Physiology, 54,* 1324–1334.

Watson, L. (1976). *Gifts of unknown things.* New York: Simon & Schuster.

Webb, J. T. (1972). Interview synchrony: An investigation of two speech rate measures in an automated standardized interview. In B. Pope & A. W. Siegman (Eds.), *Studies in dyadic communication* (pp. 115–133). New York: Pergamon.

Webster, R. L., Steinhardt, M. H., & Senter, M. G. (1972). Changes in infants' vocalizations as a function of differential acoustic stimulation. *Developmental Psychology, 7,* 39–43.

Wegner, D. M., Lane, J. D., & Dimitri, S. (1991). Secret liaisons: *The allure of covert relationships.* Unpublished manuscript, University of Virginia, Charlottesville.

Weitz, S. (1974). *Nonverbal communication: Readings with commentary.* New York: Oxford University Press.

Wells, G. L., & Petty, R. E. (1980). The effects of overt head movement on persuasion: Compatibility and incompatibility responses. *Basic and Applied Social Psychology, 1,* 219–230.

Wenger, M. A. (1950). Emotion as a visceral action: An extension of Lange's theory. In M. L. Raymert (Ed.), *Feelings and emotions* (pp. 3–10). New York: McGraw–Hill.

Wheeler, L. (1966). Toward a theory of behavioral contagion. *Psychological Review, 73,* 179–192.

Wilson, T. D. (1985). Strangers to ourselves: The origins and accuracy of beliefs about one's own mental status. In J. N. Harvey & G. Weary (Eds.), *Attribution: Basic issues and applications* (pp. 9–36). New York: Academic Press.

Wispé, L. (1991). *The psychology of sympathy.* New York: Plenum Press.

Wixon, D. R., & Laird, J. D. (1981). Effects of mimicry on the judgment of facial expressions in others. Paper presented at the Annual Meeting of the Eastern Psychological Association.

Yalom, I. D. (1989). *Love's executioner.* New York: Harper Perennial.

Young, R. D., & Frye, M. (1966). Some are laughing; some are not – Why? *Psychological Reports, 18,* 747–752.

Zahn-Waxler, C., & Radke-Yarrow, M. (1990). The origins of empathic concern. *Motivation and Emotion, 14,* 107–130.

Zajonc, R. B. (1965). Social facilitation: A solution is suggested for an old unresolved social psychological problem. *Science, 149*, 269–274.

(1984). On the primacy of affect. *American Psychologist, 39*, 117–123.

Zajonc, R. B., & Markus, H. (1982). Affective and cognitive factors in preferences. *Journal of Consumer Research, 9*, 123–131.

(1984). Affect and cognition: The hard interface. In C. E. Izard, J. Kagan, & R. B. Zajonc (Eds.), *Emotions, cognition, and behavior* (pp. 73–102). Cambridge, England: Cambridge University Press.

Zajonc, R. B., Murphy, S. T., & Inglehart, M. (1989). Feeling and facial efference: Implications of the vascular theory of emotion. *Psychological review, 96*, 395–416.

Zillman, D., & Cantor, J. R. (1977). Affective responses to the emotions of a protagonist. *Journal of Experimental Social Psychology, 13*, 155–165.

Zuckerman, M., Klorman, R., Larrance, D. T., & Speigel, N. H. (1981). Facial, autonomic, and subjective components of emotion: The facial feedback hypothesis versus the externalizer–internalizer distinction. *Journal of Personality and Social Psychology, 41*, 929–944.

索 引 ①

---

① 索引中的页码为英文原书页码，即本书边码，见正文侧边。

译后记

2019 年，当方文老师致电邀请我翻译此书时，我绝不曾想到翻译过程竟会如此拖沓。这中间自然有所谓全球性事件的客观影响，但更多还是自己的主观拖延所致。感谢方文老师和出版社郦益老师漫长的等待，他们的宽容以一种间接的方式敦促我尽己所能地译好每一个段落。读博期间，自己曾突击考过一个翻译资格证（CATTI 笔译二级）。证书到手即束之高阁，从未想过将它"经世致用"。现在，当年仅是为了应试而掌握的增 / 删词译法、断 / 合句译法等一些所谓的"技法"，终于不再是屠龙之术，而具有了使用价值。这多少算是对当年"无脑投资"的一种延时反馈。

翻译之前和之中，自己温习了一些翻译理论著作，尤其是多次回顾了余光中等人的翻译经验之谈，因而多少能减少一些明显的、低级的错误。感谢这些前辈先贤的无私教诲。还要感谢博士生杨婷婷和刘欣提供了部分章节的译文初稿；在逐字逐句修改这部分译文的过程中，我还体会到了一些教学相长的乐趣，甚至飘飘然地以为自己不仅可以是一名持证上岗的专业教师，还可以成为一名无证上岗的翻译教师。所谓情绪，就是如此不受控制地滋生于各种时刻，这倒与本书的主题非常契合。同时感谢硕士生杨敏的文字校对。对书中仍存的不足与错讹之处，当由我自己承担全部责任。

校对终稿和撰写后记时的场所，正是十多前年备战"二笔证书"时所去的同一座图书馆的同一间阅览室。混迹于满座尽不相识但青春气息难掩的众多面孔之中，难免心生"不道流年暗中偷换"的感慨。

秋日的南开园本是最怡人的，唯愿投胎于这一良辰佳景的译稿，不会让读者尤其是年轻的读者因译文本身而产生太多的负面情绪——我得承认，这种情绪我自己不止一次遇到，且常传染他人。

如今，是让自己接受"报应"的时候了。

吕小康

2023 年 9 月 22 日

于南开大学八里台校区图书馆 303 阅览室

当代西方社会心理学名著译丛

《欲望的演化：人类的择偶策略》（最新修订版）

【美】戴维·巴斯 著

王叶 谭黎 译

ISBN：978-7-300-28329-6

出版时间：2020 年 8 月

定价：79.80 元

《归因动机论》

伯纳德·韦纳 著

周玉婷 译

ISBN：978-7-300-28542-9

出版时间：2020 年 9 月

定价：59.80 元

《偏见》（第 2 版）

【英】鲁珀特·布朗 著

张彦彦 译

ISBN：978-7-300-28793-5

出版时间：2021 年 1 月

定价：98.00 元

《努力的意义：积极的自我理论》

【美】卡罗尔·德韦克 著

王芳 左世江 等 译

ISBN：978-7-300-28458-3

出版时间：2021 年 3 月

定价：59.90 元

《偏见与沟通》

【美】托马斯·佩蒂格鲁 琳达·特罗普 著

林含章 译

ISBN：978-7-300-30022-1

出版时间：2022 年 1 月

定价：79.80 元

《情境中的知识：表征、社群与文化》

【英】桑德拉·约夫切洛维奇 著

赵蜜 译

ISBN：978-7-300-30024-5

出版时间：2022 年 1 月

定价：68.00 元

《道德之锚：道德与社会行为的调节》

【荷】娜奥米·埃勒默斯 著

马梁英 译

ISBN：978-7-300-31154-8

出版时间：2023 年 1 月

定价：88.00 元

《超越苦乐原则：动机如何协同运作》

【美】托里·希金斯 著

方文 等 译

ISBN：978-7-300-32190-5

出版时间：2024 年 1 月

定价：198 元（精装）

图书在版编目（CIP）数据

情绪传染 / (美) 伊莱恩·哈特菲尔德
(Elaine Hatfield), (美) 约翰·卡乔波
(John T. Cacioppo), (美) 理查德·拉普森
(Richard L. Rapson) 著 ; 吕小康译 . -- 北京 : 中国人
民大学出版社 , 2025. 1. -- (当代西方社会心理学名著
译丛 / 方文主编). -- ISBN 978-7-300-33222-2

Ⅰ. B842.6

中国国家版本馆 CIP 数据核字第 2024EG5413 号

当代西方社会心理学名著译丛
方文　主编

情绪传染

伊莱恩·哈特菲尔德
［美］约翰·卡乔波　　　　　著
理查德·拉普森

吕小康　译

Qingxu Chuanran

出版发行	中国人民大学出版社	
社　　址	北京中关村大街31号	**邮政编码**　100080
电　　话	010-62511242（总编室）	010-62511770（质管部）
	010-82501766（邮购部）	010-62514148（门市部）
	010-62511173（发行公司）	010-62515275（盗版举报）
网　　址	http://www.crup.com.cn	
经　　销	新华书店	
印　　厂	北京昌联印刷有限公司	
开　　本	720 mm × 1000 mm　1/16	**版　次**　2025 年 1 月第 1 版
印　　张	18.25 插页 2	**印　次**　2025 年 10 月第 2 次印刷
字　　数	234 000	**定　价**　79.00 元